Solution Selling

Manfred Schröder

Solution Selling

Betriebssystem für den Vertrieb von erklärungsbedürftigen Lösungen

1. Auflage

Haufe Group
Freiburg · München · Stuttgart

Bibliografische Information der Deutschen Nationalbibliothek

Die Deutsche Nationalbibliothek verzeichnet diese Publikation in der Deutschen Nationalbibliografie; detaillierte bibliografische Daten sind im Internet über http://dnb.dnb.de abrufbar.

Print: ISBN 978-3-648-12232-7   Bestell-Nr. 10446-0001
ePub: ISBN 978-3-648-12233-4   Bestell-Nr. 10446-0100
ePDF: ISBN 978-3-648-12234-1   Bestell-Nr. 10446-0150

Manfred Schröder
Solution Selling
1. Auflage 2019

© 2019 Haufe-Lexware GmbH & Co. KG, Freiburg
www.haufe.de
info@haufe.de
Produktmanagement: Noé, Bettina

Lektorat: Hans-Jörg Knabel, Willstätt
Satz: Konvertus BV, Haarlem
Umschlag: RED GmbH, Krailling

Inhaltsverzeichnis

Vorwort und Anleitung

Schön, dass Sie dieses Buch in Händen halten. Was Sie genau suchen, weiß ich natürlich nicht. Das Thema »Solution Selling« habe ich in den verschiedenen Teilen des Buchs aus verschiedenen Blickwinkeln beleuchtet. Wählen Sie Ihren Blickwinkel.

Warum Sie dieses Buch unbedingt lesen sollten

Wirklich gute Bücher zum Solution Selling sind bisher nur auf Englisch erschienen. Da wäre es natürlich möglich gewesen, sie einfach zu übersetzen. Aber außer der englischen Sprache steckt in diesen Büchern auch ganz viel angelsächsische Kultur. Schon unsere Nachbarn in den Niederlanden sind sehr viel mehr von der angelsächsischen Businesskultur geprägt. Deshalb ist dieses Buch eines über Solution Selling für den deutschsprachigen Vertrieb. Ein Buch über Lösungsvertrieb.

Neben den bekannten Kernelementen des Lösungsvertriebs wie der Bedarfsanalyse, der Buying-Center-Analyse und dem Opportunity-Management behandelt dieses Buch auch die Themen »Leadgenerierung«, »Verhandlungstechniken« und »Kommunikation«. Im Solution Selling benötigen wir beständig neue Leads. Erfolg wird also nicht nur dann eintreten, wenn wir die Leads besser behandeln. Wir brauchen einfach viele. Außerdem ist am Ende des Vertriebsprozesses das Thema »Verhandeln« ein ganz spezielles. Gerade im Lösungsvertrieb wird hier viel Geld verloren. Aus diesen Gründen habe ich mich dafür entschieden, das Gesamtthema zu behandeln. Aber immer mit dem klaren Blick auf die Notwendigkeiten des Solution Selling.

Ich freue mich, wenn es Ihnen hilft, Ihre Lösungen noch erfolgreicher zu verkaufen, vor allem aber öfter und leichter.

Einen schnellen Überblick über die wichtigen Themen

Dieses Buch habe ich vor allem für zwei Zielgruppen geschrieben, nämlich meine früheren Kollegen:

- die Praktiker im Vertrieb von Lösungen und
- deren Führungskräfte im Vertrieb.

Der Praktiker im Vertrieb von Lösungen findet in Kapitel 3 alles, was er für den Alltag benötigt. Hier werden die speziellen Themen des Solution Selling ohne zu viel psychologische Begründung behandelt. Der Tiefgang für Interessierte findet sich dann in den Kapiteln 4 und 5. Der Vertriebsleiter sollte für seinen Alltag und für die strategischen Themen unbedingt Kapitel 6 lesen. Hier geht es unter anderem um Vertriebsprozesse und Opportunity-Management als Führungssystem im Solution Selling.

In den Kapiteln 1 und 2 führe ich Sie als Leser an das Thema »Solution Selling als Betriebssystem des Vertriebs« heran. In Kapitel 4 geht es um die Themen »Kommunikation«, »Motive« und »Persönlichkeit« und in Kapitel 5 um Verhandlungstechniken. Das sind vertiefende Themen zu Kapitel 3. Mein Ziel war es, Kapitel 3, als Kapitel für den Praktiker von zu vielen Details zu entlasten. Manche interessiert das noch nicht oder, weil sie schon alles wissen, nicht mehr. In Kapitel 3 können Sie auch immer mal wieder nachschlagen und schnell das Wesentliche finden.

Sie können dieses Buch also gerne schön der Reihe nach Kapitel für Kapitel lesen. Wer es aber eher als Fachbuch des Solution Selling nutzen möchte, kann auch ganz gezielt zu den Kapiteln springen, die ihn interessieren.

Ich wünsche Ihnen, dass Sie in diesem Buch viele nützliche Hinweise finden und sich Ihre Lösungen noch erfolgreicher verkaufen. Sollte das so sein, ist dafür ganz vielen Menschen zu danken, die mich durch ihr Wissen bereichert und durch ihr Vertrauen bestärkt haben, und natürlich den vielen Kunden, die mich erst als Verkäufer und dann als Trainer bei sich »üben« ließen. Nur mit meinen Kunden zusammen war es möglich, so viel Erfahrung zu sammeln und Solution Selling zu dem zu entwickeln, was es heute ist. Herzlichen Dank an alle, die irgendwie zu diesem Buch beigetragen haben.

Manfred Schröder

P. S.: Was meinen Sie, was das Schmunzeln im Gesicht meines alten Deutschlehrers zu bedeuten hatte, als ich ihm von diesem Buch erzählte?

1 Solution Selling – Definition und Abgrenzung

1.1 Vertriebsstrategien

Es ist nichts Neues: Lehrer lernen von ihren Schülern, Trainer von ihren Kunden – wenn wir es zulassen.

Einen meiner Kontakte, einen Vertriebsleiter, habe ich zweimal getroffen. Bei zwei sehr verschiedenen Firmen. Beim ersten Treffen war er Vertriebsleiter bei einem Anbieter komplexer Maschinen. Der Wert der Maschinen lag typischerweise im Bereich von 0,5 bis 3 Mio. EUR. Die Vertriebsprozesse liefen häufig über ein bis drei Jahre. Ich sollte seinen Verkäufern zeigen, wie man sie beschleunigen und verbessern kann, und zwar mit einem geringeren Pre-Sales-Aufwand. »Genaugenommen«, sagte er, »verkaufen meine Verkäufer fast gar nichts, aber mein Pre-Sales-Mann alles«. Das habe ich erst einmal nicht verstanden. Dann aber erklärte er mir, dass die Verkäufer keine angestellten Verkäufer, sondern Handelsvertreter waren, die gute Kontakte in der Zielbranche hatten, aber überwiegend andere Produkte verkauften. Dann verstand ich das Problem: Handelsvertreter können als Selbstständige nicht ein bis drei Jahre auf mögliche Provisionen warten. Sie haben andere Dinge verkauft und waren für meinen Kunden eigentlich nur Tippgeber. Ein anderer musste den größten Teil des Vertriebs machen. In diesem Fall ein angestellter Verkäufer. Er musste die Verkaufschancen bearbeiten, verfolgen und abschließen. Trotzdem bekamen die Handelsvertreter die Provision eines Verkäufers. Genaugenommen hätte den Handelsvertretern nur eine Provision für ein Lead zugestanden, eine klassische Tipp-Provision, die üblicherweise im Bereich von 5% des Umsatzes liegt. Immer noch ein nettes Honorar, wenn wir an Umsätze von 0,5 bis 4 Mio. EUR denken – nur dafür, dass jemand an der richtigen Stelle zuhört und eventuell nochmal nachfragt. Ganz offensichtlich vertragen sich komplexe Lösungen und das Konzept des Handelsvertreters nicht sonderlich gut.

Einige Jahre später traf ich denselben Vertriebsleiter wieder. Sein neuer Arbeitgeber verkaufte einfachere technische Produkte von hoher Qualität, aber zu vergleichsweise geringen Preisen. Die neuen Produkte kosteten zwischen 700 und 3.500 EUR. Das neue Unternehmen meines Kunden arbeitete mit angestellten Verkäufern, die entweder direkt an gewerbliche bzw. industrielle Kunden oder an Wiederverkäufer verkauften. Die Produkte des Unternehmens wurden überwiegend im Standard veräußert, es wurden also keine kundenspezifischen Anpassungen vorgenommen. So konnten diese Produkte auch am Telefon verkauft werden. Der Außendienst unterstützte die Kunden bei der Auswahl der idealen Varianten, die vom technischen Einsatzgebiet abhingen. Wenn es um mehrere Geräte ging und der Einsatz nicht eindeutig war, wurde auch schon mal ein Test durchgeführt. Meistens aber wurden die Produkte am Telefon oder nach einem direkten Verkaufsgespräch verkauft.

Auch, wenn in beiden Unternehmen ohne eine bewusste und ideale Systematik gearbeitet wurde, verdeutlichen diese Beispiele sehr gut die Spezifika, die es wahrzunehmen gilt, um auf deren Grundlage die ideale individuelle Vertriebsstrategie abzuleiten. Egal, ob Solution Selling oder Account-Management oder eine passende Mischung.

1.1.1 Account-Management

Neben Sales Representative ist Account-Manager der am meisten verwendete Begriff für Verkäufer. Account-Management basiert auf der Idee, den Kunden strategisch zu mehr Umsatz zu entwickeln. Das kann man aber nur, wenn der Kunden öfters kauft. Damit sind komplexe Investitionsgüter vom Account-Management ausgeschlossen. Dieses Konzept ist ideal für **Produkte**, die der Kunde regelmäßig beschafft, ganz besonders dann, wenn er sie auch noch von verschiedenen Anbietern kaufen kann. Hier handelt es sich also um Produktvertrieb und Account-Management ist der strategische Ansatz dafür.

Account-Management sollte beim Vertrieb von B- und C-Teilen unbedingt in Betracht gezogen werden. Ausgehend von der Kundensegmentierung wird dabei ein Servicelevel des Vertriebs nach A-, B- und C-Kunden definiert. Für jeden A-Kunden sollte ein strategisches Vorgehen für die Betreuung des Kunden gewählt werden.

Im Unterschied dazu wird beim Solution Selling für jedes Vertriebs-projekt eine Strategie definiert, oder sagen wir besser: sollte für jedes Vertriebsprojekt eine Vertriebsstrategie definiert werden. Im Lösungs-vertrieb steht die Opportunity, die Verkaufschance, im Zentrum der Vertriebsaktivitäten.

1.1.2 Key-Account-Management

Key-Account-Management klingt zwar ganz ähnlich wie Account-Manage-ment, ist aber in vielen Aspekten ein viel weiterreichendes Konzept, das ursprünglich vom Handel kommt. Insbesondere Unternehmen des Einzel-handels haben eine Zentrale und viele Filialen. Die einzelne Filiale, z.B. ein Metro-Markt, kann nicht selbstständig einkaufen. Der Anbieter und seine Produkte müssen gelistet sein. Die Konditionen werden zentral vereinbart. Vor Ort können die Filialen allenfalls die Bestellmengen pro Zeiteinheit de-finieren.

Key-Accounter, die Verkäufer der Hersteller, haben zwei Aufgaben:
- in den Handel hineinzuverkaufen und
- Aktionen zum Herausverkaufen zu organisieren.

Nach der Listung, dem Hineinverkaufen, unterstützt der Hersteller den Händler also beim Verkauf an die Endkunden. Wir alle kennen die Angebote der Hersteller zur Verkostung von Kaffee, Wurst, Wein und vielem anderen, die uns im Supermarkt Freude bereiten.

1.1.3 Abgrenzung zum Solution Selling

Die Besonderheiten des Solution Selling werden wir noch weiter vertiefen, hier möchte ich vor allem festhalten, dass es für verschiedene Märkte unter-schiedliche Vertriebsstrategien und Vertriebsformen gibt.

Bei einem Kunden im Lösungsvertrieb kommt es darauf an, dass die Verkäu-fer die speziellen Bedürfnisse in Bezug auf eine konkrete Beschaffung ver-stehen. Also die Anforderungen an eine Aufgabenstellung, der Opportunity.

Erst mit einer Strategie, die auf die jeweilige Aufgabe zielt, können sie den Kunden optimal bedienen.

Beim Account-Management kommt es darauf an, zu verstehen, was der Kunde als Ganzes benötigt. Die einzelnen Produkte sind nicht der Grund der Zusammenarbeit. Topprodukte sind nur die Voraussetzung. Eine Strategie muss auf den Kunden als Ganzes ausgerichtet sein.

Jeder Markt hat seine Eigenheiten. Es geht immer darum, diese Eigenheiten zu verstehen und dann die ideale Vertriebsstrategie zu wählen. Damit verbunden ist auch die Wahl der passenden Vertriebsleistung. Was genau wird vom Vertrieb erwartet?

1.2 Solution Selling und Produktvertrieb im Vergleich

In diesem Kapitel gehen wir auf die Unterschiede ein, die zwischen dem Verkauf von Produkten und dem Vertrieb von Lösungen bestehen. Dabei müssen wir insbesondere zwei Fragen beantworten:

- Was ist der Unterschied zwischen Lösungen und Produkten?
- Was ist der Unterschied zwischen Verkauf und Vertrieb?

Leider werden diese Unterschiede in der Literatur nirgends eindeutig definiert; insofern sind die Definitionen, die ich hier liefere als Vorschläge zu verstehen.

1.2.1 Was ist der Unterschied zwischen Lösungen und Produkten?

Lösungsvertrieb bedeutet, sich auf die Probleme des Kunden zu fokussieren und sie durch das Verständnis der Aufgabe lösen zu können. Die eigene Leistung wird dann zur Lösung. Bei diesem Ansatz kommt es nicht primär darauf an, dass der Kunde die angebotene Leistung versteht, vielmehr muss der Verkäufer die Aufgabenstellung richtig verstehen. Der Verkäufer muss auch keine Lösung zur Hand haben, sondern die Lösungsentwicklung verkaufen. Das stellt hohe Anforderungen an seine Beratungskompetenz.

Im Gegensatz dazu kommt es beim Produktverkauf darauf an, das Produkt ins Zentrum der Kommunikation zu stellen. Das ist immer dann möglich und sinnvoll, wenn die Kunden sich mit der Technologie bzw. den Produkten auskennen oder wenn sie nicht über ihre Aufgabenstellungen und Probleme sprechen wollen.

Wenn wir heute ein Auto kaufen, hat das mit einer Lösung nichts mehr zu tun. Auch wenn wir kaum wissen, wie ein Motor funktioniert. Denn es spielt keine Rolle. Jeder darf über das sprechen, was ihn interessiert. Seien es die Motorleistung und die Einspritztechnologie oder die Farbvarianten und der Stauraum. Obwohl also ein moderner Pkw ein höchst komplexes Produkt ist, ist er meistens nicht erklärungsbedürftig. Das, was den Menschen wichtig ist, kennen sie in der Regel.

Heutzutage geht es im Produktvertrieb vor allem um »Commodities«, also um Massenartikel oder um einfache Wirtschaftsgüter des täglichen Bedarfs. Wenn ein PC-Verkäufer heute mit seinen Kunden spricht, wird er kaum Grundsätzliches erläutern, sondern vor allem über Besonderheiten und Innovationen sprechen oder eben über die Konditionen.

Dagegen waren PCs vor 30 Jahren noch sehr erklärungsbedürftig, vor allem, wenn sie in ein Unternehmensnetzwerk integriert werden sollten. Diese Themen sind heute komplett im IT-Bereich der Unternehmen angesiedelt. Wenn dort eine neue, effizientere Netzwerkarchitektur zur Debatte steht, ist das wieder sehr komplex und erklärungsbedürftig. Dann ist Solution Selling angesagt. Solange aber einfach nur Netzwerkkomponenten verkauft werden, ist der Produktvertrieb der richtige Ansatz – idealerweise in Form des Account-Managements.

Einige Autoren stellen diese beiden Ansätze im Sinne von richtig und falsch gegenüber. Das sehe ich anders. Beide Ansätze können richtig sein – sofern sie in den richtigen Märkten oder Situationen angewendet werden.

1.2.2 Wie ist das mit dem Verkauf »fertiger Lösungen«?

Ein Unternehmen, mit dem ich immer wieder mal gearbeitet habe, bietet vor allem Software für das Controlling und das Berichtswesen an. Mit dieser Software lässt sich sehr effizient eine individuelle Lösung für das jeweilige Unternehmen erstellen. Nachdem es viele Jahre um die klassischen Controllingthemen, also um Kostenstellen/Kostenarten und sehr oft auch um Vertriebscontrolling ging, wurde das Thema »Einkaufscontrolling« immer mehr nachgefragt. Anlässlich eines guten Mittagessens erzählte mir der Geschäftsführer des Unternehmens davon, dass sie nun eine spezielle Anwendung für das Einkaufscontrolling entwickeln würden. Vor diesem Hintergrund könnten sie »einen echten Lösungsvertrieb fahren«, weil sie dann wirklich eine Lösung und nicht nur einen »Bausatz« anbieten würden.

So kann man die Sache natürlich auch sehen, aber für mich ist eine fertige Lösung einfach ein Produkt. Es stellte sich heraus, dass die Anwendung für das Einkaufscontrolling eine sehr gute Idee war. Allerdings war die leichte Anpassbarkeit auch hier von großer Bedeutung, was auch aus meiner Sicht tatsächlich in den Bereich Lösungsvertrieb – Solution Selling – fällt. Die individuelle Lösung wird allerdings erst nach dem Kauf entwickelt.

1.2.3 Was ist der Unterschied zwischen Verkauf und Vertrieb?

Die folgenden Definitionen erheben keinen Anspruch auf Allgemeingültigkeit, gelten aber in diesem Buch.

Was ist Vertrieb?
Vertrieb umfasst alle Maßnahmen, die darauf abzielen, die Leistungen eines Unternehmens seinen potenziellen Kunden »verfügbar« zu machen, schreibt Wikipedia. Vertrieb ist also der Teil des Marketingmix, der früher als Distributionspolitik bezeichnet wurde. Es ging also ursprünglich um die physische Verteilung der Leistungen. Nur reicht das Verteilen kaum noch aus. Die Verkäufer, die nur mit den Auftragsblöcken bereitstehen mussten, sind schon lange in Rente. Es wird sogar gemunkelt, dass selbst in den 60er-und 70er-Jahren mehr notwendig war, als nur sinnvoll auf Kunden einzureden.

Heute jedenfalls gehören zu den wesentlichen Elementen und typischen Aufgaben des Vertriebs vor allem

- die Anbahnung,
- die Leadgenerierung,
- die Bedarfsanalyse,
- die Leistungskonzeption und -präsentation,
- die Abschlussphase mit der Verhandlung und
- die After-Sales-Betreuung.

Was ist Verkauf?
Als Verkauf werden im Unterschied zum Vertrieb nur die engeren Aktivitäten des Leistungsaustauschs bezeichnet; also vor allem die Leistungspräsentation und der Abschluss. Insbesondere die Anbahnung oder Leadgenerierung und die After-Sales-Betreuung zählen gemeinhin nicht zum Verkauf.

Verkäufer im Einzelhandel sind typische Vertreter für den Verkauf. Denken Sie an die Verkäuferinnen und Verkäufer in einem Kaufhaus. Sie müssen keine Interessenten finden. Oft kann man schon froh sein, wenn sie die Kunden aktiv betreuen und ihnen tatsächlich etwas verkaufen. Dass die Kunden ins Kaufhaus kommen, ist Aufgabe des Marketings.

Ein Hinweis darauf, dass es eher um Verkauf geht, liegt z. B. dann vor, wenn die Generierung von Interessenten eine Aufgabe des Marketings ist. Im Lösungsvertrieb, dem Solution Selling, hat die Leadgenerierung nämlich eine so große Bedeutung, dass sie im Vertrieb angesiedelt sein sollte. Unabhängig von der Organisationsstruktur ist es für den Vertrieb von vitalem Interesse, dass stets neue Interessenten gefunden werden.

Kriterien zur Unterscheidung von Markttypen
Wenn wir Markttypen betrachten, gibt es eine ganze Reihe von Themen, die sie in ihren Ausprägungen deutlich voneinander unterscheiden. Einige davon haben wir in Tabelle 1 zusammengestellt.

Warum haben wir nur den Lösungsvertrieb und den Produktvertrieb in diese Synopse aufgenommen? Man hätte sicher noch andere Märkte dafür gefunden. Ja, klar, hätte man. Aber wäre der Unterschied zum Vertrieb von Finanzdienstleistungen an Endkunden wirklich spannend?

Mit der Übersicht in Tabelle 1 sollen vor allem die Unterschiede zwischen den beiden Markttypen herausarbeitet werden. Natürlich könnten gerade Sie in einem der Märkte sein, deren Kriterienausprägungen nicht so eindeutig bestimmbar sind. Trotzdem könnte auch Ihnen diese Synopse helfen, die geeignete Vertriebsstrategie zu definieren.

Kriterien	Komplexe Lösungen	Produkte
Dauer des Vertriebszyklus	Lange, oft 6 bis 36 Monate und manchmal mehr	Kurz, typisch unter drei Monaten
Häufigkeit der Beschaffung	Selten	Regelmäßig bis häufig
Relevanz für den Kunden	Beeinflusst das Geschäftsmodell und das Angebot der Kunden an deren Kunden	hat meistens nur Kostenrelevanz
Kundenpotenzial	Eher Neukunden	Überwiegend Bestandskunden
Standardisierbarkeit der Leistung	Gering	Hoch
Austauschbarkeit des Anbieters nach Kauf	Kaum möglich	Leicht möglich
Beteiligte des Kunden	Fachabteilung, Geschäftsleitung, Recht, Einkauf	Oft nur Einkauf oder Fachabteilung plus Einkauf
Wichtigste Phasen im Verkaufsprozess	Leadgenerierung, Bedarfsanalyse	Listung, Verhandlung

Tab. 1: Kriterien zur Unterscheidung von Lösungsvertrieb und Produktverkauf

Man könnte diese Liste fortsetzen und die Märkte noch viel differenzierter betrachten. Das macht im konkreten Einzelfall Sinn, um die Schlüsselerfolgsfaktoren bestimmen zu können. Peter Grimm hat hierfür mit seiner Idee vom »Marktspiel« einen spannenden Ansatz vorgestellt (siehe Peter Grimms Buch »Der verratene Verkauf«).

Erkenntnisse für den Lösungsvertrieb/das Solution Selling
Solution Selling adressiert genau die oben genannten Spezifika. Es geht meistens um

- lange Verkaufszyklen,
- hohe Relevanz für das Geschäftsmodell des Kunden,
- diverse Entscheider auf Kundenseite,
- hohe Individualität und deshalb
- starke Beratungsorientierung im Vertrieb.

Hier müssen Fachwissen und Vertriebskönnen ideal miteinander vermischt werden, damit der Verkaufserfolg eintritt. Fachlich starke Verkäufer werden von den Kunden deutlich lieber gesehen. Allerdings sind vertrieblich starke Verkäufer deutlich erfolgreicher. Selbst bei geringerer fachlicher Kompetenz. Als Anbieter sollten Sie deshalb Ihre fachlich starken Verkäufer intensiv vertrieblich weiterbilden. Die Praxis hat das reichlich bewiesen. Aber Sie können auch vertriebsstarke Verkäufer einstellen und fachlich ausbilden. Mit dem notwendigen Interesse kann ein Verkäufer alles lernen.

1.3 Ein Betriebssystem für den Vertrieb

Den Begriff »Betriebssystem« assoziieren die meisten Menschen ausschließlich mit Computern, obwohl er schon seit über 15 Jahren auch in der Welt des Vertriebs verwendet wird.

1.3.1 Der Vertrieb ist doch kein Computer

Das Betriebssystem eines Computers stellt verschiedene Dienste durch Subsysteme zur Verfügung, insbesondere eine Sprache zur Kommunikation mit dem Prozessor und Treiber für die Einbindung in das Netzwerk, den Betrieb von Festplatten, die Verbindung zum Hauptspeicher und zu den Druckern etc. Erst die Vereinheitlichung bestimmter Elemente der Betriebssysteme hat die heute einfache Kommunikation zwischen Computern und Betriebssystemen unterschiedlicher Hersteller ermöglicht.

Ich glaube, dass eine angemessene Vereinheitlichung auch im Vertrieb die Kommunikation erleichtern würde – und dass Elemente des Vertriebs wie Subsysteme wirken.

1.3.2 Das Betriebssystem des Vertriebs

Das Betriebssystem des Vertriebs ist die Gesamtheit eines Vertriebskonzepts, umgesetzt in konkrete Vertriebsmethoden. Die Elemente oder Bausteine des Solution Selling sind schon sehr nah an einem solchen Betriebssystem dran. Wichtig ist jedoch, dass für jeden Baustein eine konkrete Methode definiert wird. So gesehen kann jede Vertriebsorganisation ihr eigenes Betriebssystem definieren – und sollte das auch wirklich tun.

Die Idee des Betriebssystems hat Peter Grimm in seinem Buch »Der verratene Verkauf« beschrieben. Seine Forderung war, dass es ein abgestimmtes Vorgehen und eine gemeinsame Sprache geben sollte. Beides fehlt auch heute noch – fast überall.

Mit dem im Folgenden vorgestellten Konzept des Solution Selling ist ein bestimmtes Vorgehen definiert. Wenn Themen wie die Bedarfsanalyse, die Buying-Center-Analyse, der Vertriebsprozess und das Opportunity-Management durch bestimmte Methoden spezifiziert sind, dann hat eine Vertriebsorganisation ein Betriebssystem.

Wenn gleichzeitig auch wichtige andere Elemente des Vertriebs wie eine Typologie zur Beschreibung von Menschen, die Value Proposition zur Beschreibung des Kundenbedarfs und anderes, wie z.B. der Elevator Pitch, definiert sind, dann wird die Systematik richtig rund. All diese Elemente können als weitere Waben (siehe Abbildung 1) an das Betriebssystem angedockt werden.

1.3.3 Wenn das Betriebssystem fehlt

Willi Windig verkauft Hochleistungsbearbeitungszentren, die in ihrer Ausgestaltung sehr flexibel sind und für jeden Kunden an dessen Bedürfnisse angepasst werden. Der Preis wird überwiegend durch die Bearbeitungsschritte bestimmt, die die Anlage automatisiert durchführen soll. Die untere Grenze liegt bei etwa 650.000 EUR, aber typische Anlagen werden für 1,2 bis 2 Mio. EUR verkauft.

Willis aktuell spannendste Verkaufschance steht kurz vor dem Abschluss. Der neue Vertriebsleiter, David Glaubtreu, wird Willi bei den Verhandlungen unterstützen. Deshalb möchte er sich vorab mit Willi besprechen. »Erzähl mal von deinem Projekt. Wie siehts aus?« fragt er zu Beginn des Meetings, und Willi legt los: Alles super. Er hat den Kunden komplett überzeugt. Dann erzählt er von der technischen Ausstattung der Anlage, die von der Kalkulation mit einem Zielverkaufspreis von 1,15 Mio. berechnet wurde.

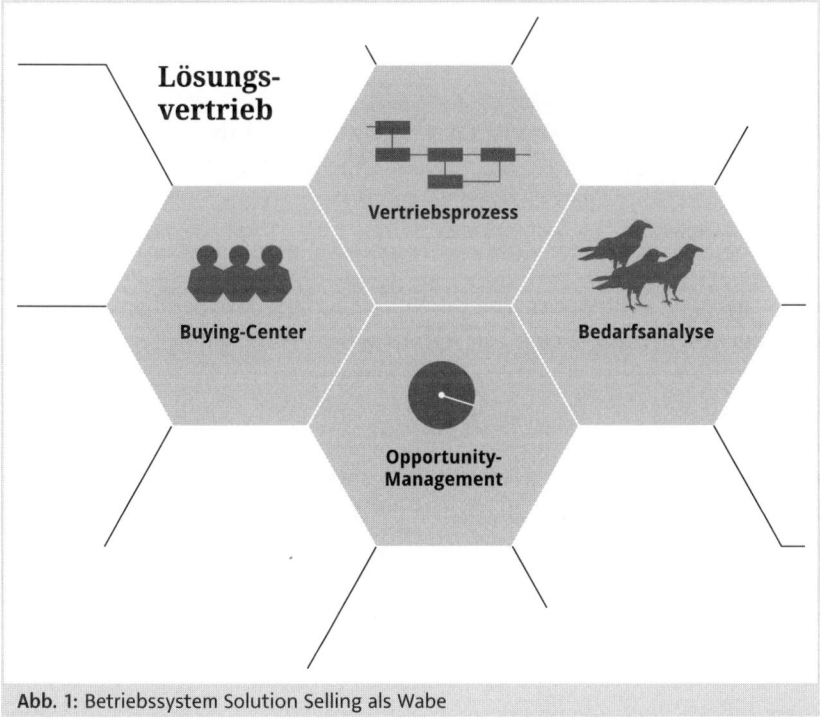

Abb. 1: Betriebssystem Solution Selling als Wabe

»Hört sich ja großartig an«, sagt David, »aber lass mich mal ein paar konkrete Fragen stellen.« Und dann fragt David los: Wer ist der Hauptansprechpartner? Wer entscheidet noch mit? Wer wird die letztendliche Entscheidung treffen?

Willi ist sich nicht sicher, meint aber, dass der Geschäftsführer neben dem Produktionsleiter mitentscheiden wird. Aber den hätte der Produktionsleiter soweit im Griff und würde meistens bekommen, was er wolle. Und der Produktionsleiter wolle Willis Anlage.

David will wissen, wer ihm und Willi bei der Verhandlung gegenübersitzen würde. »Naja«, antwortet Willi, »der Produktionsleiter. Eventuell noch der Geschäftsführer.«

»Und wie ist es mit dem Einkauf? Wie ist der eingebunden?« fragt David. »Gar nicht«, antwortet Willi zögerlich und fügt hinzu: »Glaube ich zumindest.«

Daraufhin fragt David: »Was ist der Produktionsleiter für ein Typ?« Willi beschreibt ihn als einen eher ruhigen und sympathischen Menschen. Eine genauere Typisierung kann er nicht geben, weil er davon nur wenig verstehe und schließlich kein Psychologe sei.

Die Fragerunde geht weiter. Von der Verhandlungsstrategie über die Bedeutung der Beschaffung bis hin zum Return on Investment, den der Kunden damit verbinden würde. Außerdem will David wissen, ob der Vertriebsprozess tatsächlich kurz vor dem Abschluss stehe und was die Indizien dafür seien.

Am Ende verlässt Willi verunsichert den Besprechungsraum. Er hat viele Jahre recht erfolgreich verkauft. Zugegeben: Vieles hat er intuitiv gemacht. Aber offensichtlich war das oft genug richtig gewesen.

David nimmt die Verunsicherung wahr und äußert seinen Wunsch nach mehr Systematik im Vertrieb – als Ergänzung, nicht als Ersatz für die Intuition.

Soweit die Geschichte, die sich so natürlich nie zugetragen hat, aber ähnlich genug immer wieder passiert. Immer, wenn ich einen neuen Coachee kennenlerne, erlebe ich etwas sehr Ähnliches.

1.3.4 Ein System sorgt dafür, dass ein Ablauf funktioniert

Jeder Verkäufer weiß im Grunde, dass er nach dem Budget fragen sollte, und nach demjenigen, der die letzte Entscheidung trifft. Leider gibt es immer einen Grund dafür, diese Fragen nicht zu stellen. Und wenn einer mal nach dem letztendlichen Entscheider fragt, dann hat er immer noch nicht versucht, ihn auch zu treffen.

Natürlich machen alle Verkäufer eine Bedarfsanalyse. Alle finden heraus, was der Kunde will. Wenn ich aber nachfrage, warum ein Kunde etwas will, was er sich davon verspricht oder gar welchen Return on Investment er erwartet, dann werde ich verdutzt angeschaut. Keiner hat je behauptet, dass das dumme Fragen wären. Aber alle finden es schwierig, diese Punkte mit dem Kunden zu klären.

In meinem Betriebssystem des Vertriebs sind das Punkte, die immer erfragt werden, die es immer zu klären gilt. Und mit etwas Übung schafft das jeder. Jeder, der den Nutzen erkennt.

Wenn ich Verkäufer als Opportunity-Coach begleite, dann mindesten für zwölf Monate. Einmal im Monat setze ich mich mit meinen Coachees zusammen und stellen meine Fragen. Zu jedem einzelnen Projekt. Die Coachees lernen schnell und sind meistens schon vorbereitet. Erst mit Ausreden, dann mit Antworten. Spätestens, wenn meine Coachees mit der gleichen Arbeit mehr Aufträge gewinnen, finden sie das systematische Vorgehen gut – das Arbeiten mit einem Betriebssystem des Vertriebs, in diesem Fall mit dem Betriebssystem des Lösungsvertriebs.

Systematisch mehr Umsatz machen, mit dem Betriebssystem für das Solution Selling.

2 Die Herausforderungen des Solution Selling

2.1 Die Herausforderungen des Vertriebs komplexer Lösungen

Im Bereich komplexer, erklärungsbedürftiger Produkte und Leistungen bietet sich in der Regel der Ansatz des Lösungsvertriebs an. Gleichwohl wird oft versucht, genau diese Produkte bzw. Leistungen mit dem Ansatz des Produktvertriebs zu verkaufen. Ohne dass es den Verkäufern bewusst zu sein scheint, sprechen sie ausschließlich über ihre Maschinen, ihre Anlagen, ihre Software oder ihre Versicherungen, also über ihre Produkte und Leistung. Manche haben nie gelernt, eine qualifizierte Bedarfsanalyse durchzuführen, manche folgen Glaubenssätzen wie:»Das kann man doch nicht fragen, das wird uns ein Interessent nie erzählen«.

Aus meiner Sicht ist der Lösungsvertrieb im Markt der Investitionsgüter, wie z.B. im Maschinen- und Anlagenbau, in der IT, der IT-Infrastruktur und der Software zwingend anzuwenden. Das gilt aber auch dort, wo erklärungsbedürftige Dienstleistungen wie Softwareentwicklungen, Beratungen und andere hochwertige Dienstleistungen wie Versicherungsschutz für komplexe Situationen angeboten werden. All diese Märkte stellen den Verkäufer vor einige typische Herausforderungen:

- Es geht um erklärungsbedürftige Leistungen.
- Die Leistungen beinhalten einen hohen Anteil individueller Anpassungen, Einstellungen oder Parametrisierungen.
- Die Lösung entsteht in der Regel mit dem und beim Kunden.
- Die Auswahl- und Entscheidungsprozesse sind langwierig und nicht transparent dauern oft sechs bis 36 Monate.
- Die Entscheidung für eine Lösung beeinflusst das Geschäftsmodell des Kunden und ist deshalb von großer Bedeutung.
- Die Fachabteilung hat einen starken Einfluss auf die Lösung.
- Der Kunde geht ein hohes finanzielles und meistens auch langfristiges Engagement ein.

- Der Einsatz teurer Ressourcen wie Pre-Sales-Beratung, Konstruktion, Kalkulation und Ähnliches mehr ist notwendig.
- Sowohl auf Kunden- als auch auf der Anbieterseite sind mehrere beteiligt (Buying Center).
- Die Genehmiger nehmen meistens nicht am formellen Auswahlprozess teil.
- Vorhersagen zu den Verkaufschancen lassen sich nur schwer treffen.
- Die Verkäufer sind eher technisch oder fachlich orientiert.
- Es besteht das Risiko, dass es nie zu einer Entscheidung kommt (»Lost to no decision«).

Aus diesen Herausforderungen ergeben sich spezielle Anforderungen an das Können der Verkäufer und an ein marktgerechtes verkäuferisches Vorgehen.

Da die Beschaffung meistens Einfluss auf die Geschäftstätigkeit hat, muss der Kunde außerdem ein großes Maß an Vertrauen zum Anbieter seiner Wahl aufbauen. Gelingt das nicht, geht der Auftrag zum Wettbewerber oder wird zu einem Fall von »Lost to no decision«. Der Kunde entscheidet nichts, er macht einfach so weiter.

2.1.1 Die besonderen Herausforderungen im Detail

Lassen Sie mich hier nur auf die wichtigsten Punkte der vorgenannten Herausforderungen eingehen. Immer wieder stelle ich fest, dass es unterschiedliche Vorstellungen zu den genannten Punkten gibt. Da diese jedoch so grundlegend sind, hier die Erläuterungen zu den »Herausforderungen«.

Erklärungsbedürftige Leistungen
Was genau meint »erklärungsbedürftig«? Es meint zuallererst, dass eine Leistung für den Kunden erklärungsbedürftig ist. Es geht nicht darum, ob der Verkäufer glaubt, dass etwas erklärungsbedürftig ist.

Ich bin schon einer Reihe von Versicherungsvertretern begegnet, die geglaubt haben, dass eine Kfz-Haftpflicht-Versicherung sehr erklärungsbedürftig sei. Aber Tausende von Versicherungsnehmern, die ihre Kfz-Haftpflicht-Versicherung im Internet abschließen, beweisen, dass diese Annahme recht fragwürdig ist.

Erklärungsbedürftig in unserem Sinne bedeutet also, dass der Kunde sich die Beratung wünscht, und nicht, dass der Verkäufer glaubt, der Kunde würde sie brauchen.

Hoher Anteil individueller Anpassungen

Individuelle Anpassungen können sowohl konstruktive Anpassungen bei Maschinen und Anlagen als auch spezielle Programmierungen bei einer Software sein. Im Falle der Software können die individuellen Anpassungen aber auch aus massiven individuellen Einstellungen oder Parametrisierungen bestehen, die einen Standard verändern. Sie sind gerade bei Unternehmenssoftware wie ERP- oder HR-Systemen notwendig.

So oder so: In der Regel reicht es im Falle individueller Anpassungen nicht aus, einfach nur ein paar Dinge zu verändern. Vielmehr bedarf es dafür eines Konzepts und eines Plans. Außerdem steht ein ganz bestimmtes Ziel (manchmal auch mehrere) im Fokus der Anpassung.

Bei der Einführung von Software hat die Parametrisierung fast immer einen sehr großen Einfluss auf das Projekt – sowohl als Kostenfaktor als auch als Voraussetzung für den Projekterfolg. Ganz ähnlich verhält es sich im Anlagenbau.

Die Lösung entsteht in der Regel mit dem und beim Kunden

Viele Anpassungen werden beim Kunden, oft sogar mit dem Kunden zusammen realisiert. Das ist mit einem Hausbau vergleichbar, bei dem Sie immer neben dem Polier stehen. Das ist zeitraubend und nicht immer einfach, aber es sorgt für das gewünschte individuelle Ergebnis, ein Ergebnis, das ganz genau den Wünschen und Notwendigkeiten des Kunden entspricht.

Langwierige und intransparente Entscheidungsprozesse

Oft dauern die Auswahl- und Entscheidungsprozesse zwischen sechs und 36 Monate. Gleichzeitig sind diese Prozesse intransparent, was bedeutet, dass Sie oft gar nicht wissen, wer alles beteiligt ist. Außerdem ist oft nicht klar, wie die Prozesse ablaufen sollen. Und: Wenn der Kunde einen Plan für seine Prozesse hat, gibt er die Prozesse oft nicht preis.

Häufig ist es aber so, dass der Kunde selbst nicht weiß, wie die Entscheidungsfindung ablaufen soll. Denn diese Entscheidungen werden in Unternehmen nicht selten nur alle fünf, zehn oder sogar (insbesondere bei Unternehmenssoftware) nur alle 15 bis 20 Jahre getroffen. Woher soll der Kunde da wissen, wie der Prozess idealerweise ablaufen sollte?

Am ehesten kann ihm da der Verkäufer helfen, der mehrfach im Jahr mit solchen Entscheidungen in Berührung kommt. Wenn der Verkäufer den intransparenten Auswahlprozess geschickt nutzt, kann er ihn zu seinem Vorteil wenden. Aber das natürlich nur, wenn er entsprechend vorbereitet ist.

Entscheidung beeinflusst das Geschäftsmodell des Kunden
Entscheidungen im Solution Selling drehen sich meistens um Investitionen und beeinflussen das Geschäftsmodell des Kunden. Denken Sie an Maschinen, die mehr produzieren können, flexibler sind oder präziser. Solche Entscheidungen sind von großer Tragweite. Oft ist abzuwägen: Mehr oder präziser? Schneller oder flexibler?

Hohe finanzielle und meistens langfristige Bindung
Mit ihrer Entscheidung gehen die Kunden meistens eine langfristige Bindung ein. Außerdem bindet die Beschaffung finanzielle Ressourcen, und zwar auch dann, wenn Kunden z. B. das neue SAP-System leasen. Auch hier ist die Bindung langfristig, denn so schnell will der Kunde ein solches ERP-System nicht wieder ablösen. Im Anlagenbau ist das ganz ähnlich. Der Aufwand, eine gerade erworbene Anlage auszutauschen, wäre enorm.

Notwendigkeit des Einsatzes teurer Ressourcen
Ressourcen wie Pre-Sales-Beratungen, Konstruktionen und Kalkulationen sind teuer. Im Maschinenbau beispielsweise ist es leider nicht üblich, dass die Kunden diesen Aufwand bezahlen. In anderen Branchen hingegen schon. Aber selbst dann, wenn der Kunde zahlt, sind die Ressourcen gebunden. Werden sie zu oft ohne Erfolg genutzt, ist das schlecht für den Anbieter. Deshalb muss er dringend den richtigen Zeitpunkt für den Einsatz dieser Ressourcen finden. Mehr dazu in Kapitel 6.5.

Mehrere Beteiligte und Entscheider auf der Kundenseite

Bei mehreren Beteiligten und Entscheidern auf der Kundenseite sprechen wir von einem Buying Center. Meistens ist der letztendliche Genehmiger nicht Teil des formellen Auswahlteams. Es ist unklar, wer im Buying Center wie viel Einfluss oder gar Macht hat. Die Buying-Center-Analyse soll dem Verkäufer dabei helfen, die Beziehungs- und Machtstrukturen leichter zu durchschauen.

Schwierige Vorhersage hinsichtlich der Verkaufschancen

Aus den vorgenannten Gründen ist eine Vorhersage hinsichtlich der Verkaufschancen sehr schwierig. Meistens sind die Prognosen schlechter, als eine Drei-Wochen-Wettervorhersage. Gleichzeitig wäre es aber immens hilfreich, zu wissen, in welche der Opportunities man die knappen und teuren Ressourcen investieren sollte. Das Opportunity-Management soll hier Licht ins Dunkel bringen.

Eher technisch oder fachlich orientierte Verkäufer

Wer komplexe und erklärungsbedürftige Lösungen verkauft, sollte selbst fachlich kompetent sein. Deshalb werden sehr häufig Fachleute zu Verkäufern gemacht. Der Anwendungsberater von Software wird ebenso zum Verkäufer wie der Maschinenbauingenieur. Beide fühlen sich bei den Sachthemen am wohlsten und beide stellen liebend gerne ihre Produkte vor. Leider hat das oft zur Folge, dass die vertriebliche Seite vernachlässigt wird. So kommt es nicht selten vor, dass das technisch schlechtere Produkt vom besseren Verkäufer verkauft wird. Denn die Entscheidung fällt in der Regel nicht auf der Fach- und Sachebene. Gerade deshalb ist es wichtig, dass die Fachverkäufer mehr über den Lösungsvertrieb lernen. Verkäufer brauchen neben dem Fachwissen unbedingt Fähigkeiten im Solution Selling.

Risiko von »Lost to no decision«

Weil die Projekte von so großer Bedeutung sind und Fehlentscheidungen von großer Tragweiter wären, werden zu viele Projekte nicht entschieden. Manche Projekte werden bewusst verschoben, andere dümpeln erst dahin und verschwinden dann unkommentiert. In den USA liegt der Anteil der Lost-to-no-decision-Projekte bei 58 %. Wenn Verkäufer diese Projekte nicht rechtzeitig erkennen, ist der Ressourceneinsatz verschwendet. Um so wichtiger ist es, gegen diesen »Wettbewerber« gezielt und aggressiv vorzuge-hen. Aber bei den meisten Verkäufern ist das noch die Ausnahme.

Die beschriebenen Herausforderungen und Risiken des Lösungsvertriebs zeigen die Fallstricke, mit denen Verkäufer konfrontiert sind, sehr gut auf. Gleichzeitig bergen sie die Chance, durch gezielte und systematische Arbeit, mehr Opportunities in Aufträge zu verwandeln. Wer viel Vertrauen aufbaut, kann die Angst der Kunden überwinden. In Kapitel 2.3 vertiefen wir dieses Thema.

2.1.2   Das Thema »Vertrauen« ist von überragender Bedeutung

Egal, ob es sich um eine neue Maschine, eine neue Anlage oder eine neue Unternehmenssoftware handelt, diese Produkte bzw. Leistungen sind für den Kunden von großer Bedeutung. Er beschafft sie, weil er sich einen Vor-teil für seine Geschäftstätigkeit erhofft. Von Maschinen beispielsweise erhofft er sich, dass er mehr produzieren kann – oder aber präziser oder flexibler. Dafür werden die Maschinen, wie auch die Software, an die Kun-denbedürfnisse angepasst. Die Leistung ist also erst nach der Entscheidung und der Implementierung messbar. Deshalb besteht die größte Aufgabe des Verkäufers darin, Vertrauen aufzubauen, um

- die Ängste des Kunden zu überwinden und
- seine Zuversicht in das Funktionieren der Lösung aufzubauen oder zu stärken.

Warum genau deshalb die Bedarfsanalyse das wichtigste Element im Be-triebssystem des Solution Selling ist, erklären wir in Kapitel 3. Vorweg sei nur gesagt: Nichts demonstriert so viel Interesse am Kunden und so viel Fachkompetenz, wie eine gute Bedarfsanalyse.

2.2   Die Angst vor der falschen Entscheidung

Kunden im Solution Selling müssen meistens keine Entscheidung treffen. Sie haben eine Wahlmöglichkeit mehr. Fast immer haben Sie auch die Alterna-tive, keine Entscheidung zu treffen und nicht zu kaufen.

2.2.1   Fast 60% der Opportunities werden an die Angst verloren

Mit dem Buch »Insight Selling« von Michael Harris wurden Zahlen einer aktuellen Studie aus den USA veröffentlicht, die zeigen, dass 58% aller Verkaufschancen nicht an einen Wettbewerber verloren werden, sondern an »No decisions«, also an den Umstand, dass keine Entscheidung gefällt wird. Mit anderen Worten: Die Angst vor dem Risiko bzw. die Angst vor einer falschen Entscheidung ist ein starker »Wettbewerber«. Sie führt zumindest dazu, dass Verkäufe erst mit einer deutlichen Verschiebung realisiert werden.

Auch in Deutschland kennen wir viele Projekte, die nicht oder erst mit sehr viel Verzögerung realisiert werden. Möglicherweise sind es bei uns keine 58%. Über 30% sind es mit Sicherheit. Die Verzögerungen betragen zwei, drei Jahren und mehr. Das gilt sowohl für Maschinen und Anlagen als auch für Software und andere Investitionsgüter. Offensichtlich ist es den Verkäufern in diesen Fällen nicht gelungen, aufzuzeigen, dass die Chancen die Risiken überwiegen.

Den Wettbewerber »Angst« hat kaum ein Verkäufer auf dem Schirm. Denn Verkäufer kämpfen lieber gegen »richtige« Wettbewerber als gegen böse Geister wie Angst oder Unentschiedenheit. Nur: Wie können wir emotionale Themen wie Angst angehen? Macht das überhaupt Sinn?

2.2.2   Angst wie einen Wettbewerber im Vertrieb behandeln?

Das Thema »Risiko und Angst« muss aktiver bearbeitet werden. Ganz besonders im Solution Selling. Schlussendlich müssen wir ihm auch einen festen Platz im Vertriebstraining zugestehen. Verkäufer müssen lernen, herauszuarbeiten, dass Chancen realistisch und Risiken kalkulierbar sind. Da wir uns hierbei auf dem Feld der Emotionen bewegen, ist das nicht einfach.

An diesen beiden kritischen Punkten müssen wir auf die klassischen Methoden der Bedarfsanalyse zurückgreifen, z.B. auf das Vorgehen der RA-BEN- oder der SPIN-Methodik. Dabei ist es wichtig, dass wir die Bedeutung und den Wert der Chancen sauber ermitteln. Aber das können auch heute noch nicht alle Verkäufer – auch nicht im Lösungsvertrieb. Zugleich müssen wir das Risiko bzw. das Risikoempfinden des Kunden minimieren. Den Wettbewerber »Angst« können wir nur in Schach halten, wenn es uns gelingt,

- die Chancen in der Bedarfsanalyse besser herauszuarbeiten,
- die Dringlichkeit einer Lösung hervorzuheben,
- die Angst vor den Risiken zu reduzieren,
- das Vertrauen gezielter aufzubauen.

Die wertorientierte Bedarfsanalyse im Verkauf ist mit Sicherheit ein sehr gutes Mittel, um die Chance aufzuwerten. Sie kann und sollte von den Verkäufern konsequent eingesetzt werden.

Schwieriger ist es, die Angst vor dem Risiko zu reduzieren. Wie können wir das vom Interessenten subjektiv empfundene Risiko mindern? Und zwar bei allen, die an der Entscheidung beteiligt sind? Eine wichtige Rolle hierbei spielt die Buying-Center-Analyse. Wir müssen die kritischen Entscheider genau betrachten – vor allem die risikoscheuen. Der Projektleiter, den Gralshüter, aber auch die Experten gilt es zu beleuchten. Und natürlich: den Genehmiger – die unsichtbare Macht im Hintergrund. Außerdem müssen wir auch auf die Kundentypen schauen. Dabei sind die mit hohem Streben nach Sicherheit von besonderer Bedeutung.

Womit können wir schließlich – abgesehen von der Bedarfsanalyse – gezielt mehr Vertrauen aufbauen? Ein wichtiges Element in diesem Zusammenhang ist die Verbindlichkeit unseres Handelns. Verbindliches Handeln bildet eine gute Basis für Vertrauen und für den Aufbau von Vertrauen. Und Vertrauen hat einen weiteren Vorteil: Es mindert die Angst.

2.2.3 Maßnahmen gegen die Angst vor dem Risiko

58% »Lost to no decision« rechtfertigen einen hohen Aufwand hinsichtlich der Analyse des Risikoempfindens. Da gibt es viel zu gewinnen, auch wenn wir in Deutschland von nur 30 bis 40% »Lost to no decision« ausgehen. Das reicht immer noch aus, um sehr viel Recherche und Systematik zu rechtfertigen. Aber neben der Recherche, wie z.B. der Bedarfsanalyse oder der Buying-Center-Analyse, müssen wir natürlich auch andere Maßnahmen ergreifen. Hier brauchen wir die Klassiker:

- Referenzen, Referenzlisten, Testimonials,
- Referenzbesuche,
- Proof of Concepts wie
  - Testinstallationen,
  - den Bau von Prototypen und natürlich
- Geschäftsleitungskontakte.

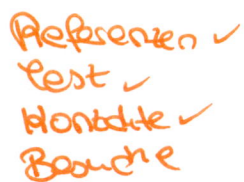

Aber wir müssen die Klassiker gezielter und bewusster einsetzen. Wir müssen darauf achten, dass unsere Proof of Concepts, möglichst spät im Vertriebsprozess stattfinden, nämlich dann, wenn es um das Risiko geht und die Angst am größten ist. Genau dann greifen wir in den Entscheidungsprozess ein und bieten Elemente der Sicherheit an. Dabei ist es wichtig, dass wir wissen, was der Kunden mit seiner Maßnahme erreichen will. Lesen Sie dazu Kapitel 6.5, das genauer auf den Proof of Concept eingeht.

2.2.4 Im Solution Selling zählt der richtige Zeitpunkt

Abbildung 2 stammt aus dem großartigen Buch »Solution Selling« von Michael Bosworth. Sie zeigt, wie sich die Bedeutung der verschiedenen Themen mit den Verkaufsphasen verändert. Für die Themen »Bedarf«, »Kosten«, »Lösung« und »Risiko« sehen Sie die verschiedenen Linien, die die Bedeutung der Themen in Punkten darstellen. Die Werte liegen zwischen null und fünf Punkten.

Die Bedeutung der Lösung ist in der Konzeptionsphase am höchsten und fällt zum Verkaufsabschluss sehr deutlich ab. In der Konzeptionsphase sollte die Lösung perfekt sein. Beim Abschluss überwiegen die Themen »Kosten« und vor allem »Risiko« deutlich.

Die Erkenntnisse von Michael Bosworth zeigen, wie das Risiko zum Abschluss hin an Bedeutung gewinnt. Das gilt es zu beachten. In den Phasen davor können Kunden leichter über mögliche Bedenken und Sorgen sprechen. Etwas tun können wir erst, wenn das Projekt schon kurz vor dem Abschluss steht und beim Kunden auch ein Problembewusstsein vorhanden ist. Solange der Kunde noch keine Angst hat, macht es keinen Sinn, alle möglichen

Maßnahmen wie Referenzbesuche oder Proof of Concepts zu ergreifen. Verkäufer sollten diese Maßnahmen nicht zu früh, und damit zur Unzeit verschwenden. Manchmal werden Prototypen als Köder genutzt – meistens mit schlechtem Erfolg. Gleichzeitig dürfen wir diese Maßnahmen aber auch nicht zu spät ergreifen.

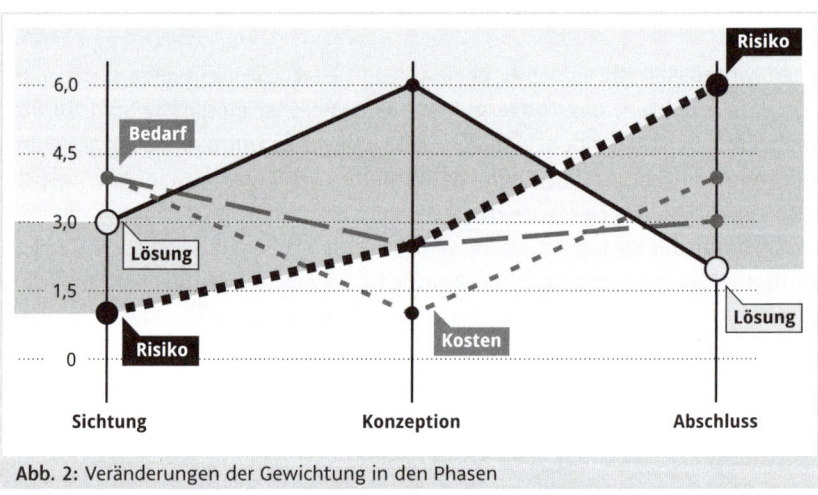

Abb. 2: Veränderungen der Gewichtung in den Phasen

Wenn wir uns bewusst um das Risiko kümmern wollen, müssen wir das in der Bedarfsanalyse tun. Verkäufer sollten bei der Bedarfsanalyse neben den Chancen und dem Wert auch die Risiken beleuchten. Sprich: Den Kunden fragen, welche Risiken er sieht. Und direkt im Anschluss an die Antwort fragen wir nach dem Grund und den Motiven der geplanten Beschaffung. Denn grundsätzlich gilt doch: »Never change a running system«. Wenn Kunden trotzdem etwas ändern wollen, dann haben sie dafür gute Gründe. Meist sogar sehr gute Gründe.

Welche Gründe könnte es geben, Projekt nicht zu realisiere?
So, wie wir erkunden, welche Gründe für das Projekt sprechen, sollten wir auch erkunden, welche Gründe dagegensprechen. Es ist besser, die Bedenken, Ängste und Vorbehalte unserer Kunden möglichst früh zu kennen. Dann können wir uns nämlich auch früh Maßnahmen überlegen und haben eine größere Chance, die Ängste und Vorbehalte der Kunden zu zerstreuen oder

zumindest in ihrer Bedeutung zu reduzieren – mit Elementen, die Sicherheit vermitteln.

Möglicherweise führen diese Kenntnisse auch dazu, dass wir in ein solches Projekt nicht weiter investieren. Wenn ein Verkäufer schon alle Ressourcen ausgeschöpft hat und dann erfährt, dass das Projekt nicht realisiert wird, ist das sehr teuer. Wenn ein Verkäufer indes rechtzeitig aussteigt, ist viel gespart und einiges gewonnen.

2.2.5 Besser früh aus aussichtslosen Projekten aussteigen

Neben den Ängsten kann vieles als Show-Stopper wirken. Oft sind es ausgesprochen unrealistische Erwartungen, zu kurze Zeiten für die Realisierung, hohe Return-on-Investment-Erwartungen oder anderes. Dann ist es besser, ein solches Projekt früh abzubrechen. Spätestens beim Proof of Concept würde ohnehin klar werden, was realistisch gesehen möglich ist. Oder aber der Anbieter lässt sich den Proof of Concept bezahlen, wie eine Machbarkeitsstudie. Damit verhindert er, dass er in ein Projekt mit geringen Chancen investiert.

Insgesamt wird es immer wichtiger, dass wir neben der Bedarfsanalyse auch eine sehr bewusste Risikoanalyse vornehmen. Wo sieht der Kunde Risiken? Gibt es Fallstricke? Wer sind die Gegner des Projekts oder des Anbieters? Was kann dazu führen, dass der Kunde ein Projekt stoppt? Diese Analyse sollte kurz nach der Bedarfsanalyse stattfinden. Zumindest in Gedanken sollte der Verkäufer sie schon parallel zu Bedarfsanalyse vornehmen. Nur dann kann er beurteilen, wie groß das Risiko für ein »Lost to no decision« ist. Die Risikoanalyse ist also ein Teil des Opportunity Checks, und der Verkäufer sollte sie regelmäßig durchführen. Damit lässt sich die Quote der »Lost to no decision« effektiv senken. Wenn ein Verkäufer die Ängste seiner Kunden kennt, kann er ihnen in kritischen Momenten helfen.

2.2.6   Den unsichtbaren Gegner Angst bezwingen

Vertriebsorganisationen im Lösungsvertrieb müssen den Wettbewerber »No decision« ernst nehmen. Mit fast 60 % der Verkaufschancen räumt er mehr ab als jeder andere Wettbewerber.

Wer Angst hat, braucht Sicherheit. Achten Sie deshalb auch auf die Kundentypen. In Zukunft müssen wir das Thema durch Vertriebstraining noch gezielter angehen. Insbesondere gilt es,

- die Themen »Risiko« und »Ängste« auf die Agenda zu setzen,
- das Risiko und die Bedenken der Kunden sehr früh und bewusst zu beleuchten,
- Sicherheit stiftende Elemente gezielt und optimiert einzusetzen, also
  - mit den Kunden über deren Erwartungen zu sprechen,
  - Themen, die beim Referenzbesuch relevant sind, auf die Agenda zu setzen und
  - die Folgen der Maßnahmen zu besprechen.

Diese Maßnahmen, durch die wir Sicherheit vermitteln, helfen uns nicht nur gegen den Wettbewerber »No decision«, sondern auch gegen alle anderen Wettbewerber. Wir geben mehr Sicherheit, weil wir das Thema ernst nehmen und entsprechend handeln.

2.2.7   Was bedeuten fast 60 % »No Decision« für den Sales Forecast?

Wir müssen die Bewertung von Chancen verändern und immer unterscheiden zwischen:

- Go (Wird das Projekt realisiert?) und
- Get (Werden wir die Verkaufschance gewinnen?).

Es ist wie bei der Formel 1:

You have to finish first, before you can finish first.

Wenn das Go zu 100% sicher ist, z. B. weil eine gesetzliche Änderung eine Maßnahme erforderlich macht, dann geht es nur noch um die anderen, echten Wettbewerber. Aber in allen anderen Fällen ist no decision mit 60% der wichtigste Wettbewerber. Das muss auch im Sales Forecast deutlich werden. Und es verändert die Bedeutung des Opportunity-Managements.

2.3 Die Bedeutung des beratenden Verkaufs

Dass »gute Beratung« ein wichtiger Faktor für die langfristige Kundenbindung ist, ist nicht neu. Trotzdem tun wir gut daran, uns die Bedeutung, die der Beratung zukommt, immer wieder vor Augen zu führen. Denn daraus ergeben sich Anforderungen an unser Kommunikationsverhalten.

Abb. 3: Fokus von Kunden im Beschaffungsprozess

Rackham und Vincentis haben diese Bedeutung der Beratung in ihrem spannenden Buch »Rethinking the Sales Force« eindrücklich beschrieben. Ich habe diese Erkenntnisse in Abbildung 3 veranschaulicht. Die vier Felder der Abbildung zeigen die Anforderungen bzw. die Schwerpunkte der Anforderungen, die Kunden bzw. Einkäufer in den einzelnen Märkten an die Verkäufer haben. Die Märkte werden in Abbildung 3 durch die beiden Dimensionen »Bedeutung des Beratungsbedarfs« und »Grad an Alleinstellung« beschrieben.

Wenn beispielsweise Raffinerien Öl kaufen, ist der Beratungsbedarf gering, die Alleinstellung des Anbieters indes sehr hoch (OPEC). Denn für Raffinerien ist allein die Liefersicherheit von Bedeutung. Der Preis dagegen ist eher unbedeutend. Raffinerien verdienen auch bei sehr hohen Preisen, da sie die Preissteigerungen leicht weitergeben können.

Anders verhält es sich im Markt für Unterhaltungselektronik. Hier wird nur wenig Beratung benötigt und angeboten. Eine Alleinstellung des Anbieters, wie z.B. des Mediamarkts, ist nicht gegeben. Die Kunden sind vor allem an einem guten Preis interessiert.

Im Markt erklärungsbedürftiger Produkte möchten die Kunden bei der Auswahl der Produkte und Leistungen beraten werden. Besonders, wenn es darum geht, die Leistungen individuell auf die spezifischen Anforderungen der Kunden anzupassen. Diese Kunden legen viel Wert auf »gute Beratung«. Hier kommt es darauf an, dass die Verkäufer sich um die Wünsche, die Aufgabenstellungen, aber auch um die Hoffnungen und Probleme der Kunden kümmern. Wenn in diesen Märkten auch noch die Alleinstellung, wie z.B. bei Dieseleinspritzpumpen, von Bedeutung ist, dann wünschen sich die Kunden mehr als nur gute Beratung. Sie wünschen sich Partnerschaft oder eine strategische Zusammenarbeit, wie sie zwischen Tier-1-Systemlieferanten und Automobilherstellern üblich ist.

Im Markt der erklärungsbedürftigen Produkte und Leistungen kommt es also auf die Beratung an. Insbesondere eine gute Leistung als Kundenberater hilft uns dabei, uns einen höheren Grad an Alleinstellung als Verkäufer zu erarbeiten. Und diese Alleinstellung führt gemäß Rackhams Erkenntnissen dazu, dass die Kunden, eine Partnerschaft mit uns suchen.

Was ist »Beratung«?
Wenn man verschiedene Definitionen zusammennimmt, dann kommt etwa diese Erklärung heraus.

Bedeutung Beratung

Beratung ist:

1. Eine strukturierte Kommunikation (Fragen und Zuhören), die darauf abzielt,
2. die Aufgabenstellungen eines Kunden
   a) zu verstehen und
   b) dafür eine Lösung zu finden.

Es geht also immer um den Kunden, und darum, wie er seine Aufgabenstellung sieht. Eine objektive Aufgabenstellung, ein objektives Problem gibt es nicht. Beides liegt immer im Auge des Betrachters und wird durch den »Heimatfilm« des Kunden definiert.

Die Teilnehmer meiner Seminare überrascht immer wieder, dass nicht Punkt 2.b) »eine Lösung zu finden« der wichtigste Punkt ist. Nein, es sind nicht die Ratschläge, die uns zu Beratern machen. Berater kümmern sich primär darum, was den Kunden bewegt. Deshalb befassen wir uns in Kapitel 4.1 mit Themen wie »Konstruktivismus«, »Fragetechniken« und »(aktives) Zuhören«.

Gute Beratung ist für den Verkaufserfolg im Solution Selling immens wichtig. Das sollte auch das Verhalten der Verkäufer definieren. Beratung findet im Vertrieb zu einem großen Teil während der Bedarfsanalyse statt. Hier kann der Verkäufer sein Wissen in Form qualifizierter Fragen einbringen. Macht er das gut, steigen seine Chancen für einen Erfolg spürbar.

Wissen in Form qualifizierter Fragen ? einbringen ?

3 Werkzeuge für den Alltag im Vertrieb von Lösungen

Kapitel 3 behandelt die Werkzeuge des Solution Selling, die die Verkäufer in ihrer täglichen Arbeit nutzen können. Weiterführende Erläuterungen zu den Mechanismen und ihre psychologischen Erklärungen finden Sie in Kapitel 4. Dort gehen wir gezielt auf Aspekte der Kommunikation und Psychologie ein, in Kapitel 5 dann auf Verhandlungtechniken. In Kapitel 6 vertiefen wir schließlich die strategischen Aspekte des Lösungsvertriebs, wie z. B. die Auswahl von Mitarbeitern und deren Führung.

3.1 Die Elemente des Solution Selling

In diesem Kapitel möchte ich Ihnen zeigen, warum wir bestimmte Elemente des Solution Selling benötigen. Dabei unterscheiden wir zwischen Kernelementen und anderen Elementen, denn nicht jedes ist speziell für das Solution Selling.

Da es beim Solution Selling, um eher lange Vertriebsprozesse geht hilft ein Mehr an Systematik. Und genau hier kommen die Kernelemente zum Tragen. Systematisches Vorgehen ist der Schlüssel zum Erfolg im Lösungsvertrieb. Und dieses Mehr zahlt sich – wegen der hohen Summen, um die es in der Regel geht – in Form von mehr Umsatz aus.

Zu den wichtigsten Elementen des Solution Selling gehören
- der Vertriebsprozess mit Proof of Concept und Referenzen,
- die Bedarfsanalyse mit Fragetechniken und Value Propositions,
- die Buying-Center-Analyse und das Erkennen der Kundentypen,
- das Opportunity-Management.

Dies sind die Elemente, die im Solution Selling dringender benötigt werden als für andere Vertriebsstrategien.

Um den Bedürfnissen der Kunden hinsichtlich Beratung und Vertrauensaufbau gerecht zu werden, beleuchten wir aber auch die folgenden Themen des Vertriebs:

- Neukundenakquise,
- Verkaufskommunikation und Konzeptpräsentation,
- Abschluss- und Verhandlungstechniken nach dem Harvard-Konzept.

Der Vertriebsprozess

In den meisten Unternehmen sind die Vertriebsprozesse ab dem Auftragseingang, also ab der Eingabe in SAP oder in ein anderes ERP-System, sehr präzise beschrieben. Ich werbe aber stark für die Definition des Vertriebsprozesses vor dem Auftragseingang. Denn das ist der für den Vertrieb eigentlich spannende Prozess. Nur, wenn wir einen Vertriebsprozess definiert haben und nutzen, können wir feststellen, ob dieser Prozess gut funktioniert.

Die Definition eines »Standardvertriebsprozesses« ermöglicht es uns vor allem

- ihn immer wieder zu verbessern,
- ihn mit dem Prozess der Beschaffung zu synchronisieren,
- zu wissen, bei welchem Prozessschritt die Opportunity steht,
- leichter, den nächsten Schritt zu bestimmen,
- den Prozess mit den Pre-Sales-Ressourcen abzustimmen.

Diesen Vertriebsprozess, der häufig über mehrere Monate, wenn nicht sogar über zwei bis drei Jahre laufen kann, müssen wir mit zielorientierten Aktivitäten gestalten. Diese Aktivitäten sollen es uns ermöglichen, die Sicht des Kunden auf sein Problem vollständig zu verstehen. Außerdem sollen sie dem Kunden dabei helfen, zu begreifen, warum *wir* die ideale Lösung für ihn liefern können.

Der Vertriebsprozess gehört zu den strategischen Themen der Führung. Für den Alltag von Verkäufern sollte er schlicht definiert sein. Mehr Wissenswertes dazu finden Sie in Kapitel 6.4.

Das Opportunity-Management

Mit dem Opportunity-Management behalten Verkäufer und Vertriebsleiter den Fortschritt der Verkaufschancen im Auge. Es ist sozusagen das Projektmanagement der Verkaufschancen – der Opportunities eben. Aber das Opportunity-Management hilft Ihnen auch dabei, die richtigen, nämlich die aussichtsreichen Chancen zu verfolgen. Wenn allein schon 58% aller Chancen im »Lost to no decision« enden, ist das eine ganz wesentliche Funktion.

Opportunity-Management muss nicht täglich erfolgen, aber es sollte Teil des Vertriebsalltags sein. Vor und nach einem Kundentermin sollten Sie den Stand im Vertriebsprozess beleuchten, die aktuellen Informationen vervollständigen und den nächsten Schritt festlegen. Ein gutes Opportunity-Management erhöht die Systematik in der Vertriebsarbeit und verbessert damit die Erfolgschancen.

Das Buying Center
Buying Center ist die Bezeichnung für die Gruppe der Entscheider beim Kunden. Wegen der großen Bedeutung, die diese Beschaffungen für die Unternehmen haben, sind ganz verschiedene Entscheider aus diversen Abteilungen eingebunden. Die Zusammensetzung des Buying Centers wird typischerweise nicht offengelegt. Oft ist dieses Buying Center gar kein formelles Gremium. Und natürlich ist das interne Gefüge unklar. Die Beziehungs- und Machtstrukturen sind intransparent.

Der Verkäufer muss das Buying Center des Kunden trotzdem lesen können und eine geeignete Strategie für sein eigenes Verkaufsteam definieren. Gerade hier wird häufig viel Geld vernichtet, weil teure Ressourcen viel zu früh und unter Umständen auch falsch eingesetzt werden. Wenn wir es schaffen, unsere Ressourcen in die richtigen Projekte zu investieren, werden wir bei gleichem Aufwand mehr Ertrag erwirtschaften.

In der Kommunikation mit der Fachabteilung geht es vor allem darum, das Problem des Kunden zu verstehen. Dafür sollten moderne Ansätze der Bedarfsanalyse genutzt werden, die für den Verkäufer und den Kunden interessante Ergebnisse liefert. Die Bedarfsanalyse muss aber auch die speziellen Bedürfnisse der einzelnen Mitglieder im Buying Center ermitteln.

Die Bedarfsanalyse als Basis des Erfolgs
Ich beobachte immer wieder, dass die Phase der Bedarfsanalyse beim Lösungsvertrieb die alles entscheidend ist. Die Kunden möchten, dass ihre Besonderheiten wahrgenommen und in den Lösungen berücksichtigt werden.

Allerdings reichen dafür die analytischen Fähigkeiten der Verkäufer oft nicht aus. Gerade von technisch orientierten »Verkaufsingenieuren« sollten Kunden doch die Fähigkeit zur Analyse erwarten können. Sie wäre jedenfalls wichtig, um gerade an diesem kritischen Punkt des Verkaufsprozesses die richtigen Fragen stellen zu können. Oft verharren Verkäufer aber bei den technischen Sachfragen und ergründen deshalb die Wünsche, Hoffnungen und Ängste nicht, die mit diesen technischen Anforderungen verbunden sind. Und so erkennen sie auch den monetären Wert dieser Beschaffung nicht.

> **!** **Beispiel: Kundenziel Marktposition verbessern**
>
> Nehmen wir an, Sie erkennen die emotionalen Erwartungen an eine Verbesserung der Marktposition nicht. Sie übersehen deshalb den mit der Verbesserung einhergehenden Return on Investment der Beschaffung. Der könnte aber das entscheidende Argument sein. Diese Entscheidungskraft haben einzelne technische Eigenschaften von Produkten oder Lösungen nur ganz selten. Verbesserung der Marktposition und hoher Return on Investment haben diese Kraft immer.

Beim Produktverkauf können wir kurzfristig Emotionen erzeugen und für eine Entscheidung nutzen. Im Lösungsvertrieb müssen wir über einen langen Zeitraum Vertrauen und Verständnis aufbauen. Ein typgerechter Beziehungsaufbau, gutes Zuhören und empathisches Reagieren auf die Wünsche und Ängste der Kunden, sind im Lösungsvertrieb als wichtige und anspruchsvolle Kommunikationsstrategien notwendig, und das nicht nur in einer Eins-zu-eins-Beziehung, sondern in einer Eins-zu-N- oder gar in einer N-zu-N-Beziehung. Insofern hat die Rolle des Verkäufers im Solution Selling große Ähnlichkeit mit der eines Coaches oder eines Supervisors.

Für all diese Themen bildet die professionelle Bedarfsanalyse eine gute Grundlage. Sie hilft uns:

- die Bedürfnisse der einzelnen Beteiligten wahrzunehmen,
- die Aufgabenstellung des Kunden wirklich zu verstehen,
- die Hoffnungen, die sich hinter den Wünschen der Kunden verbergen, zu durchschauen,
- den geeigneten Vertriebsprozess zu definieren,
- Aktivitäten zu bestimmen, die den Prozess begleiten,
- das Buying Center zu erkennen,

- die Kommunikationsbedürfnisse der Kunden zu verstehen,
- die Abschlusschancen und
- die Dauer des Vertriebszyklus einzuschätzen.

Die Bedarfsanalyse kann also äußerst wertvoll sein. Dafür müssen die Verkäufer jedoch dazu in der Lage sein, die richtigen Fragen zu stellen. Hierzu wiederum müssen Sie eine bewährte Systematik beherrschen. Außerdem benötigen Sie die Erfahrung und das Fingerspitzengefühl eines Therapeuten, um ihre Fragen auch so stellen zu können, dass sie Antworten erhalten.

Aber es geht im Rahmen der Bedarfsanalyse auch darum, zu erkennen, ob ein Kunde bzw. ein Buying Center schon von einem anderen Wettbewerber und seiner »Vision einer Lösung« geprägt ist. Wenn das noch nicht der Fall ist, können wir genau die Themen verstärken, die zu unserer »Vision einer Lösung« passen. Wurde ein Kunde bereits maßgeblich von einem anderen Wettbewerber beeinflusst, geht es darum, an einem Vision-Reengineering zu arbeiten. Denn solange die Elemente im Vordergrund der Lösungsvision stehen, die den Stärken des anderen Wettbewerbers entsprechen, können wir den Kunden nicht gewinnen.

Die Value Proposition
Die Value Proposition ist das Nutzenversprechen, das wir dem Kunden geben. Es muss die wichtigsten Ergebnisse aus der Bedarfsanalyse enthalten und die Frage beantworten, warum gerade unsere Lösung die richtige für den Kunden ist.

Im Lösungsvertrieb geht es meistens um Beschaffungsvorhaben, die für den Kunden ungewohnt sind, weil sie nur selten anstehen. Ganz anders ist das, wenn es um Commodities geht.

Häufig berühren Entscheidungen im Lösungsvertrieb grundsätzliche geschäftspolitische Themen, weshalb die Geschäftsleitung bei diesen Entscheidungen meistens mit involviert ist. Wer sich für eine »TruMatic 3000 fiber« von Trumpf entscheidet, entscheidet sich gleichzeitig für eine bestimmte Qualität, Flexibilität und Produktionsgeschwindigkeit. Wer eine Unternehmenshaftpflicht ohne »erweiterte Produkthaftung« abschließt, hat damit auch entschieden, dass er nicht an die Automobilindustrie liefern will. Denn die »erweiterte Produkthaftung« ist dort Pflicht.

Entscheidungen reichen also im Lösungsvertrieb weiter als im Produktvertrieb. Deshalb muss auch der Verkäufer seinen Blick weiten. Er muss nicht nur die Wünsche seines Kunden verstehen, er muss sich auch für die Bedürfnisse der Kunden seiner Kunden interessieren. Ganz gleich, ob es um eine Maschine geht, eine Anlage, eine Software, eine Versicherung oder eine andere Dienstleistung, unser Kunde wird sich in der Regel fragen, wie diese Beschaffung sein Geschäftsmodell beeinflussen wird. Je höher er den positiven Einfluss bewertet, desto höher darf die Investition oder das Beschaffungsvolumen sein. Wenn die Beschaffung die Wünsche der Kunden unseres Kunden besser erfüllt als der Wettbewerb, dann verhilft diese Beschaffung unserem Kunden zu einer besseren Marktposition. Das genau ist der eigentliche Wert der Beschaffung im Lösungsvertrieb.

Für uns gilt es, genau diesen Wert darzustellen und in Form eines Nutzenversprechens zu formulieren. Das ist die Value Proposition: der in einer Kurzform dargestellte Nutzwert. Es ist aber auch wichtig, dass die Value Proposition an vielen Stellen sinnvoll genutzt werden kann und immer wieder genutzt werden sollte.

Diese Kurzvorstellung der Elemente sollte vor allem darstellen, »warum« wir im Lösungsvertrieb diese Elemente unbedingt und sehr bewusst nutzen sollten. Wie Sie sie im Detail nutzen, erfahren Sie in den folgenden Kapiteln.

3.2 Die Neukundengewinnung

Im Lösungsvertrieb brauchen wir immer wieder neue Kunden. Manche Hersteller von C-Teilen oder Commodities machen 90% oder sogar 98% ihres Umsatzes mit Bestandskunden. Das ist im Solution Selling nicht möglich. Wir brauchen Neukunden, denn nur durch sie machen wir die großen Umsätze.

Verkäufer müssen diejenigen finden, die demnächst eine Beschaffung planen. Und sie müssen sie möglichst früh finden. Der erste Kontakt zu einem Anbieter beeinflusst die Erwartungshaltung der Kunden und oft die Kriterien der Auswahl recht stark. Um gezielt vorgehen zu können, müssen wir unser Ziel kennen. Genau dafür wird die Zielgruppe für eine Lösung oder ein Produkt definiert und sollte schon vor der Entwicklung eines Produkts klar definiert sein. Trotzdem ist sie oft nicht ganz so klar definiert – oder sogar gar nicht. Für eine erfolgreiche Neukundengewinnung ist die Definition der Zielgruppe jedoch unverzichtbar.

Wichtige Elemente der Neukundengewinnung sind:

- die Zielgruppenauswahl
- ein Social-Media- und Web-Konzept als passive Akquise,
- die Telefonakquise für gezieltes aktives Vorgehen.

3.2.1   Die Zielgruppenauswahl

Gehen wir einfach mal davon aus, dass die Zielgruppe grundsätzlich definiert ist. Meistens bedeutet das, dass Anwendungen für bestimmte Branchen definiert sind. Aus Angst, man würde sich zu sehr einengen, oder auch aus Selbstüberschätzung heraus wird auf weitere Parameter einer klaren Zielgruppendefinition verzichtet. So wird auf das Festlegen einer idealen Unternehmensgrößen oder auf die Beschreibung einer spezifischen Anwendungsumgebung verzichtet. Man will schließlich für viele offenbleiben. Das ist für ein zielorientiertes und erfolgversprechendes Vorgehen im Vertrieb sehr schädlich.

Für eine erfolgversprechende Zielkundenansprache sollte die Zielgruppe im Gegenteil nicht zu pauschal definiert sein. Eine gute Definition sollte es uns beispielsweise ermöglichen, in Datenbanken nach Unternehmen und Ansprechpartnern suchen zu können. Ganz wichtig ist auch, dass man die Zielgruppen mit einheitlichen Texten, Bildern, Geschichten und Slogans erreichen kann.

Das Ergebnis einer Zielgruppenbeschreibung sollte Folgendes enthalten:

- Branchen,
- Unternehmensgrößen,
- Firmen (wenn möglich),
- Funktion und Hierarchiestufen der idealen Ansprechpartner.

45

Damit kann die Recherche beginnen. Früher vor allem in Firmendatenbanken wie Hoppenstedt (heute Bisnode). Heute erleichtern »LinkedIn« und im deutschsprachigen Raum vor allem »Xing« diese Arbeit – oder auch andere Datenbanken im Internet wie z. B. WLW – Wer liefert was? Der große Vorteil von Xing und ähnlichen Plattformen besteht darin, dass die Ansprechpartner dort viele Informationen zur Verfügung stellen.

Je klarer eine Definition der Zielgruppe ist, desto besser kann man auf dieser Grundlage suchen. Es lohnt sich also, an der Zielgruppendefinition zu feilen. Das Ergebnis sollte allerdings nicht wissenschaftlich kompliziert und abgehoben sein. Vielmehr kommt es auf den praktischen Nutzen an, darauf, dass man Unternehmen, Ansprechpartner und deren Kontaktdaten ermitteln kann.

3.2.2 Die Akquisestrategie

Heutzutage brauchen wir unbedingt eine passive *und* eine aktive Akquisestrategie. Wir müssen gefunden werden können und wir müssen uns auf die Suche nach potenziellen Kunden machen.

- Passive Strategien sind z. B.
  - die eigene Webseite oder (klassisch)
  - der Eintrag im Branchenverzeichnis oder
  - Social Media.
- Aktive Strategien sind z. B.
  - Messeteilnahmen oder
  - die Telefonakquise.

Die Nutzung von Social Media ist heute selbst in B2B-Märkten immer besser möglich. Social Media sind eine Mischform aus passiver und aktiver Strategie. Noch ist Social Media in B2B-Märkten noch von geringer Bedeutung. Aber die nächste Generation wird dies in den nächsten drei bis zehn Jahren komplett verändern. Unternehmen sollten hier früh einsteigen, um den Anschluss nicht zu verpassen.

3.2.3 Social Media können die Akquise massiv unterstützen

Wenn Sie komplexe und erklärungsbedürftige Lösungen verkaufen, brauchen Sie stets neue Leads. Bestandskunden sind mit den Lösungen oft für fünf, zehn oder sogar 15 Jahre versorgt. Niemand will seine ERP-Software alle drei Jahre wechseln.

Bei großen Anlagen oder Maschinen ist es etwas anders. Aber auch dort gibt es viele Kunden, die diese Lösungen nur alle paar Jahre kaufen. Aber dann sind es auch wichtige Projekte und Beschaffungen, die nicht einfach bestellt, sondern unter verschiedenen Blickwinkeln betrachtet werden.

Verkäufer sollten stets den Kontakt zu potenziellen Kunden suchen. Lead-Generation sollte nicht erst beginnen, wenn der Sales Funnel leer ist. Klassisch war das die Domäne der Telefonakquise. Die Neukundengewinnung bestand vor zehn Jahren noch zu 80 % aus der Akquise am Telefon; daneben aus Anzeigen und immer mehr aus Newslettern. Aber wie könnte das heute aussehen? Oder besser: Wie müsste das heute aussehen?

Wie sieht die Customer Journey heute aus?
In der Vergangenheit haben wir eher nur vom Vertriebsprozess gesprochen. Vom Lead bis zum Abschluss gab es oft nur ein paar wenige Stationen. Aber der Blick auf die Customer Journey macht viel Sinn. Die vielen unterschiedlichen Wege, auf denen Kunden im B2B-Vertrieb zu uns finden, sind zwar nicht einfach zu bedienen, aber es geht, und zwar dann, wenn wir einen Plan haben und eine Systematik.

Unternehmen brauchen eine Systematik, um Leads zu akquirieren
Die Leads kommen auf ganz unterschiedlichen Pfaden zu uns, wenn wir das unterstützen. Die einen suchen nach Webseiten, die anderen lesen Blogbeiträge. So, wie sie auch Fachzeitschriften lesen. Wieder andere nutzen selbst Social Media und lesen dort nach. Auch im B2B-Vertrieb müssen wir jeden Pfad mit Kontaktchancen ausstatten, die zu uns führen. Wir brauchen eine Art Spinnennetz, an dem die Leads hängenbleiben. Erst der letzte Teil der Reise findet dann auf einem klaren Pfad statt. Meistens zumindest. Oft haben unsere Interessenten bereits über 50 % ihres Beschaffungsprozesses

hinter sich, wenn Sie endlich mit uns Kontakt aufnehmen. Auch deshalb ist es gut, die Idee der Customer Journey im Hinterkopf zu haben.

Das Netz von Social Media soll die Leads sammeln
Jeder Markt, in den man verkauft und vom dem man Leads braucht, ist anders. Die Märkte für manche Anbieter sind sehr homogen, z. B. nur Pharmaunternehmen. Oder: nur Versicherungen. Wenn Sie aber zum Beispiel Controlling-Lösungen verkaufen, dann ist der Markt in Bezug auf die Branche sehr heterogen.

Wer erfolgreich Leads fischen will, der sollte ein passendes Netz auslegen und den richtigen Köder verwenden. Die Netze müssen zu den Zielgruppen passen. Und mit Netzen meine ich nicht nur die unterschiedlichen Social-Media-Plattformen. Viel mehr meine ich die Art und Weise, wie wir sie nutzen. Eine Bäckerei könnte sehr gut mit Bildern von leckeren Kuchen und anderen Backwaren arbeiten. Wenn wir aber komplexe technische Lösungen verkaufen, erreichen wir mit Bildern nicht so viel. Zahlen, Fakten und Anwendungsbeispiele könnten da der richtige Weg sein. Andere setzen auf Live-Veranstaltungen mit Shows und Vorträgen. Plus das klassische Marketing via Mailing-Liste. Ich beispielsweise arbeite mit Blogbeiträgen rund um das Thema »B2B-Vertrieb«. Bei etwa 160 Blogbeiträgen finden sehr viele Menschen ein Thema, an dem sie hängenbleiben. Aber der Blog allein reicht nicht, um Leads zu generieren. Die Menschen müssen schließlich erst einmal vom Blog erfahren. Und hier kommt Social Media zum Einsatz. Es wird quasi im Internet »plakatiert«. Am besten dort, wo potenzielle Kunden vorbeikommen.

> Lead-Generation braucht nicht nur Social Media – es braucht vor allem einen Plan.

Mit einem intelligenten System verschiedener Maßnahmen, können Sie mit kalkulierbarem Aufwand Leads akquirieren. Finden Sie heraus, wie Ihre Kunden auf der Suche nach einem Anbieter vorgehen. Welche Pfade wählen sie? Werden die idealen Suchworte genutzt? Welche anderen Themen könnten sinnvoll genutzt werden? Denn der Vertrieb braucht zuallererst Leads. Und dafür braucht es ein Konzept. Die Telefonakquise ist auch heute noch ein wichtiger Baustein in vielen Märkten. Aber sie reicht heute nicht mehr aus, um genügend Leads zu akquirieren. Und in der Zukunft wird sie das immer weniger. Trotzdem müssen Sie auch die Telefonakquise beherrschen.

3.2.4 Das Wichtigste zur Telefonakquise

Die Telefonakquise wird auch in Zeiten von Social Media gebraucht. Wenn Sie als Anbieter einen kleinen Kreis potenzieller Kunden haben (1.000 oder weniger) kann es sehr lohnend sein, ganz gezielt telefonischen Kontakt mit ihnen zu suchen.

Recherche und Arbeitsvorrat für die Telefonie
Mit einer klaren Zielgruppendefinition haben wir die Zielbranchen benannt. Das Internet liefert uns zu vielen Branchen auch eine ganze Liste von Unternehmen. Durch die Datenschutz-Grundverordnung (DSGVO) wird sich das allerdings bald ändern. Schade! Wenn wir die Unternehmen erst kennen, können wir nach den Ansprechpartnern suchen. Die Möglichkeiten der Recherche in LinkedIn und Xing habe ich bereits angesprochen. Was bei diesen Plattformen besonders interessant ist, ist die Tatsache, dass die Personen meistens ihren Jobtitel angeben. Je genauer Sie bei der Recherche arbeiten, desto erfolgreicher wird die Telefonakquise verlaufen. Außerdem werden die Angesprochenen gerne mit Ihnen sprechen, weil das, was Sie anbieten, für sie relevant ist.

Das Ergebnis der Recherche bildet den Arbeitsvorrat für die Telefonie. Ohne eine Telefonliste mit mindestens 20 Ansprechpartnern und Nummern sollte niemand zum Hörer greifen. Besser ist es, wenn die Liste sogar noch umfangreicher ist. Dann sollten Sie jeden Tag mit den weniger wichtigen Ansprechpartnern beginnen, wie beim Sport: erst warmmachen, dann durchstarten!

Die DSGVO und der §7 des Bundesgesetzes gegen den unlauteren Wettbewerb (UWG) schränken uns in unserer Handlungsfreiheit natürlich etwas ein. Fragen Sie am besten Ihren Rechtsberater nach den Details. Trotzdem können wir im B2B-Vertrieb mit diesem Mittel arbeiten.

Die Vorabmail
Eine E-Mail vorab kann hilfreich sein, muss es aber nicht. Bei der Flut an E-Mails, die Führungskräfte heute erhalten, können wir nicht erwarten, dass

sie sich an eine Werbemail erinnern. Wenn Sie sich darauf beziehen, sollten Sie nicht allzu stark daran hängen. »Aber ich habe Ihnen doch gemailt«, hilft Ihnen in der Regel nicht weiter.

Die Vorabmail sollten Sie allerdings nicht als Serienmail versenden, weil Sie ansonsten die Grenzen, die §7 UWG setzt, überschreiten könnten. Bitte sprechen Sie darüber mit Ihrem Rechtsberater.

Der Anruf
Telefonakquise sollte stets gut vorbereitet durchgeführt werden. Dazu gehören:
- eine Liste von Zielpersonen,
- ein Block und Stifte,
- ein Begrüßungstext (der »Aufschlag«),
- ein Elevator Pitch, der effizient beantwortet, worum es geht.

Der Begrüßungstext – «Aufschlag«
Beim Profitennis bestimmt der Aufschlag maßgeblich den Erfolg eines Ballwechsels. Das ist bei der Telefonakquise nicht anders. Der Aufschlag sollte
- dem Angerufenen sagen, wer ihn anruft,
- kurz erläutern, um was es geht,
- dem Angerufenen ein Gefühl der Sicherheit vermitteln (dies ist kein Angriff),
- nicht länger als maximal 20, besser aber nur 15 Sekunden dauern.

Das sind keine geringen Anforderungen, zumal die eigene Vorstellung auch Autorität vermitteln sollte (siehe Kapitel 5.3).

Die Struktur des Aufschlags sollte dem folgenden Schema folgen:
1. Tagesgruß,
2. Name des Angerufenen,
3. eigener Name,
4. Firmenname,
5. Aufwertung,
6. Anliegen,
7. Frage.

Beispiel: Aufschlag   !

»Guten Tag Frau Müller, mein Name ist Schröder, Manfred Schröder von der XY GmbH. Wir sind ein führender Hersteller von (Software, Maschinen, Anlagen usw.). In einem persönlichen Gespräch würde ich gerne herausfinden, wie unsere Produkte auch Ihnen nutzen könnten. Ist ein solches Gespräch auch in Ihrem Interesse?«

Die Frage am Ende ist entscheidend, um in einen Dialog mit einem potenziellen Kunden einzutreten, den man bislang nicht kennt. Insofern wäre eine offene Frage oft besser. Sie könnte beispielsweise lauten: »Was müssten unsere Lösungen leisten, damit ein Gespräch für Sie interessant wäre?« Da die Frage aber schon nach 15 bis 20 Sekunden käme, könnte sie manchen überfordern.

Glauben Sie nicht, dass eine Formulierung, über der Sie zwei Stunden gebrütet haben, gleich die ideale ist. Brüten Sie maximal eine halbe Stunde und testen Sie dann den Text. Verbessern Sie ihn immer wieder, bis Sie merken, dass sich der erhoffte Erfolg einstellt. Auch nach dem 50sten Anruf kann der Aufschlag noch verbessert werden. Profis feilen so lange am Aufschlag herum, bis er wirklich passt.

Was Sie genau sagen, ist nicht so wichtig. Wichtig ist, dass der Angerufene versteht, dass Sie ihm einen Dialog anbieten. Im B2B-Vertrieb können wir heute niemanden mit schlauen Sprüchen überrumpeln. Unser Erfolg hängt vielmehr davon ab, dass wir die Telefonakquise mit Freude am Kontakt machen.

Der Elevator Pitch
Der Elevator Pitch ist eine gut vorbereitete Antwort auf die Frage: Wer sind Sie genau und warum sollte ich mit Ihnen sprechen? Diese Frage kommt sehr regelmäßig und muss deshalb gut vorbereitet sein. Denn wir haben nicht unendlich viel Zeit, um sie zu beantworten.

Der Elevator Pitch muss seinerseits nicht alles beantworten und darf 30 Sekunden nicht übersteigen.

> **❗ Beispiel: Elevator Pitch**
>
> »alphaSales unterstützt mit Beratung und Vertriebstrainings Verkäufer von erklärungsbedürftigen Lösungen und hilft ihnen, noch erfolgreicher zu verkaufen. Wir trainieren dabei vor allem die Systematik und stellen das Opportunity-Management in den Vordergrund. Wir wollen, dass die Verkaufschancen gezielt gesteuert und mehr von diesen gewonnen werden. Könnte das auch für Ihr Unternehmen interessant sein?«

Auch der Elevator Pitch muss einen Dialog anbieten und also mit einer Frage enden. Sein Inhalt sollte natürlich zur Zielgruppe passen. Er muss aber auch Themen ansprechen, die für den Anbieter typisch und wichtig sind. Er soll Klarheit schaffen, nicht verschleiern.

Verwendung des Elevator Pitch

Der Elevator Pitch kann neben der Telefonakquise auch zur Vorstellung auf einer Messe oder an anderen Stellen verwendet werden. Nicht zuletzt im Aufzug mit dem Vorstandsvorsitzenden des potenziellen Kunden.

Die Ziele der Telefonakquise

Meistens dient die Telefonakquise mehreren Zielen. Ihr ultimatives Ziel besteht natürlich darin, Leads zu generieren, also Interessenten zu finden. Möglichst solche, die zeitnah eine Lösung benötigen. Aber die Telefonakquise kann mehr Beiträge für den Markterfolg leisten. Wenn wir auf die Dauer der typischen Beschaffungsprozesse schauen, wird klar, dass auch diese Beiträge sehr willkommen sind. Gerade das Aktualisieren der Datenbank mit neuen Ansprechpartnern oder das Korrigieren von Namen, Mailadressen und Telefonnummern hilft immens. So ergeben sich diese vier wichtigen Ziele der Telefonakquise:

- neue Leads generieren,
- den Kontakt zu potenziellen Kunden aufbauen,
- die Datenbank erweitern und pflegen,
- Termine für den Außendienst generieren.

Diese Ziele können wir insgesamt als gleichberechtigt betrachten. Natürlich ist der direkte Kontakt elementar wichtig für den Vertrieb. Gleichzeitig ist Marketing die kostengünstigere Art mit einer großen Zahl potenzieller Interessenten zu kommunizieren. Dazu braucht es aber eine gepflegte

Kundendatenbank. Einladungen an Ansprechpartner, die nicht mehr im Unternehmen sind, sind fast komplett wirkungslos.

Offene oder stringente Gesprächsführung?
Hinsichtlich der Gesprächsführung haben wir mindestens zwei Möglichkeiten. Erstens die »offene Gesprächsführung«, bei der wir kein einzelnes Ziel verfolgen, sondern in Dialoge eintreten wollen, um dann auch Leads zu entdecken. Der offene Dialog ist oft wichtig, weil wir die Ansprechpartner und deren Position im Unternehmen noch nicht genau kennen. Ohne Kenntnis der Rahmenbedingungen kann ein zu stringent geführtes Telefonat leicht in einem Misserfolg enden. Man bekommt einen Termin, stellt aber vor Ort fest, dass kein echter Bedarf besteht.

Für die zielgerichtete Terminierung empfiehlt sich jedoch die »stringente Gesprächsführung«. Dabei schlägt der Akquisiteur bereits beim »Aufschlag« ein Gespräch und konkrete Termine vor.

Beispiel: Zielgerichtete Terminierung !

... Wir sind ein führender Hersteller von (Ventilatoren, Elektromotoren, Laborgeräten, Mischern usw.). Mit Ihnen als dem ... (Produktionsleiter, Fertigungsleiter usw.) würde ich gerne Ihre Anforderungen an die Produkte besprechen. Und, wenn Sie wollen, stelle ich Ihnen den besonderen Nutzen unserer Geräte vor. Passt Ihnen ein Termin am nächsten Dienstag um vierzehn Uhr? Oder wäre am Mittwoch um zehn Uhr besser?«

Ist ein Termin vereinbart, qualifizieren wir in einem zweiten Schritt den potenziellen Kunden. Da der Gesprächspartner bereits einem Termin zugestimmt hat, ist er meistens gerne dazu bereit, einige »vorbereitende Fragen« zu beantworten. Sind seine Antworten nicht so vielversprechend, wie wir gewünscht haben, können wir den Termin immer noch absagen. Außerdem können wir durch die Fragen zur Vorbereitung die Qualität der Vororttermine steigern.

Dieses zweistufige Verfahren ist auch im Zusammenspiel mit Telemarketingteams sehr gut verwendbar. Das Telemarketing macht zunächst einen Termin für ein Erstgespräch aus. Dann meldet sich der Verkäufer, um noch wichtige

Fragen zu Vorbereitung zu klären. Dieses Vorgehen erhöht ebenfalls die Qualität der Termine, was sowohl für den Kunden als auch für den Verkäufer immens wichtig ist.

Abschluss des Akquisetelefonats
Egal, wie das Telefonat verlaufen ist, sein Abschluss sollte prägnant sein. Auch wenn der Angerufene kein Interesse an den Leistungen oder einem Termin hat, ist Höflichkeit unverzichtbar. Sprechen Sie an, was positiv war. »Vielen Dank, dass Sie mir doch ein oder zwei Minuten geschenkt haben, obwohl Sie wirklich kein Interesse daran hatten. Viel Erfolg für Ihr Tun.«

Die allermeisten Akquisegespräche verlaufen recht angenehm, wenn der Verkäufer selbst in guter Verfassung ist. Deshalb gilt es im Rahmen des Abschlusses, die folgenden Punkte zu berücksichtigen:
- Zusammenfassung (wenn es etwas zusammenzufassen gibt),
- Verbleib (nächsten Schritt bestimmen und Infos zusenden),
- Dank (für die Zeit, das Interesse usw.).

Auch, wenn wir keinen Interessenten gefunden haben, können wir am Ende noch etwas für unsere Datenbank tun: »Damit Sie wissen, mit wem Sie gesprochen haben, würde ich Ihnen gerne eine Mail senden. Ist das für Sie o. k.? Ich habe für Sie folgende Mailadresse notiert ...«. Damit bekommen wir meistens eine Bestätigung für die vorliegende Adresse oder eine Korrektur. Beides ist wertvoll.

Erfolgreiche Akquise ist kein Zufall
Erfolgreiche Akquise ist kein Zufall, sondern die Folge von Systematik, Fleiß und innerer Einstellung. Wer von seinen Produkten und Leistungen überzeugt ist und gerne kommuniziert, kann sehr erfolgreich sein.

Um Telefonakquise erfolgreich zu betreiben sollten Sie mindesten 20 Ansprechpartner auf Ihrer Liste haben. Sie sollten sich, wie im Sport, erst einmal warmlaufen und dann Gas geben. Fangen Sie also nicht mit der Idee an, an jedem Tag fünf potenzielle Kunden anzurufen. Telefonakquise braucht Übung, Warmlaufen und eine flexible Vorgehensweise. Nur so können Sie viele Erfolge verbuchen.

3.3 RABEN-Methodik zur Bedarfsanalyse – die kundenzentrierte und wertorientierte Fragetechnik

Wenn Sie neue Leads gefunden haben, geht es darum diese zu entdecken und in Opportunities zu verwandeln. Mit einer guten Bedarfsanalyse legen Verkäufer im Solution Selling den Grundstein für den Verkaufserfolg. Kein anderes Element kann das leisten.

3.3.1 Warum sollten Sie die RABEN-Methodik zur Bedarfsanalyse anwenden?

In Berlin fragte ein Mann einen Taxifahrer, wie er am besten nach Köln komme. Der Taxifahrer erzählte etwas von »A10, A2 oder A7 und schließlich A4«.

»Aha«, sagte unser Mann und fragte: »Wie lange würde das dauern?«

»Fünf oder sechs Stunden«, antwortete der Taxifahrer, was unser Mann mit der Gegenfrage »Geht das nicht schneller?« beantwortete.

»Na hör'n se ma', ick bin doch keen Reisebüro«, erwiderte der Taxifahrer und fuhr davon.

Wie wäre die Antwort wohl ausgefallen, wenn der Taxifahrer gewusst hätte, dass unser Mann kein Auto hat und auch nicht gerne fliegt, und außerdem auch der ICE mindestens 4:18 Stunden benötigt, aber nur stündlich fährt. Vor allem aber fragen wir uns, was gewesen wäre, wenn der Taxifahrer gewusst hätte, dass unser Mann große Sehnsucht nach seiner in Köln lebenden Liebe und reichlich Geld hatte. Dieser Liebe wollte unser Mann ein großes Paket mitbringen. Wäre das nicht eine schöne Taxifahrt gewesen? Und für den Taxifahrer sehr lohnend!

Bevor wir beurteilen können, ob wir eine gute Lösung anbieten können, müssen wir die Aufgabenstellung wirklich verstanden haben. Meistens ist dafür eine rein technische Betrachtung viel zu wenig. Im ersten Schritt müssen wir die Rahmenbedingungen und die Aufgabenstellungen verstehen.

Dann aber ist es entscheidend, auch die Bedeutung zu verstehen. Das fehlte unserem Taxifahrer.

Die Musik spielt im Bereich der Bedeutung. Allerdings muss diese im Kontext der Rahmeninformationen und der konkreten Aufgabenstellung verstanden werden. Insofern gibt es eine logische Folge der Fragen. Rücksprünge oder ein iteratives Vorgehen sind trotzdem meist sinnvoll oder gar notwendig.

Fragen, um die Rahmenbedingungen und die Aufgabenstellung richtig erfassen und die wichtigen Kriterien des Kunden kennenlernen zu können, wären:

- Was ist wichtig?
- Welche anderen Punkte gehören zur Aufgabe?
- Was genau ...?

Fragen, um die Bedeutung, die Wertigkeiten und die »Interessen dahinter« erkunden und verstehen zu können, wären:

- Wieso ist etwas wichtig?
- Was sind die Ziele hinter den Zielen?
- Warum soll das Ziel/sollen die Ziele erreicht werden? – z.B.: Was will der Mann in Köln? Warum will er schnell nach Köln?
- Um was geht es wirklich? – z.B.: Geht es dem Mann um die kürzeste Strecke? Will er schnellst möglich mit dem großen Paket das Ziel erreichen?
- Welchen Wert hat das Problem und damit die Lösung?

»Die Kunden wissen nicht, was Sie wollen!«
Das ist ein Satz, den ich schon sehr, sehr oft gehört habe. Meistens als Beschwerde von Verkäufern über Kunden. Ich bin jedoch überzeugt davon, dass das nicht die einzige Wahrheit ist. Ich habe oft genug erlebt, dass Kunden nicht wussten, was sie wollten, im Sinne von Software oder Maschinen und deren genauer Funktionalität. Aber sie wussten oft, was Sie sich wünschten, was sich verbessern sollte. Welches Problem sich lösen sollte oder welche Ziele sie mit ihrer Investition verfolgten. Und genau hier beginnt der Arbeitsauftrag an Verkäufer im Solution Selling. Das wäre auch der erste Grund, warum wir als Verkäufer die Bedarfsanalyse als unser wichtigstes Werkzeug betrachten sollten.

»Sie haben uns nicht verstanden!«

Vor einigen Jahren hatte mein geschätzter Kollege Axel den Auftrag, eine Lost-Analyse zu machen. Er sollte also herausfinden, warum Verkaufschancen nicht realisiert wurden. Sie ahnen vielleicht, dass es bei den Antworten zwei sehr unterschiedliche Parteien gab. Die der Kunden und die der Verkäufer. Bei den Verkäufern hatte der Hauptgrund einen Anteil von 80%, bei den Kunden einen von 70%.

Was die Verkäufer als Hauptgrund benannt haben, ahnen Sie sicher. Die Verkäufer nannten als Hauptgrund den Preis. Und ich kann mir durchaus vorstellen, dass der Preis auch der am häufigsten von den Kunden genannte Grund war. Also der Grund, der den Verkäufern von den Kunden genannt wurde. Nur: Das ist meistens ein vorgeschobener Grund, weil es für den Kunden einfacher ist, über den Preis zu reden, als über den wirklichen Grund.

Mit 70% war der Hauptgrund, der Axel von den Kunden genannt wurde nämlich: »Die Verkäufer haben uns nicht verstanden.« Ob die Verkäufer die Kunden nun gar nicht oder nicht richtig verstanden haben, ist dabei einerlei. Es geht schließlich um ein Gefühl. Das Gefühl, dass da jemand ist, der behauptet, ein Problem lösen zu können, obwohl er es gar nicht verstanden hat. Und so jemand erhält den Auftrag eben nicht.

Mit einer guten Fragetechnik und einer guten Bedarfsanalyse können wir gerade hier Boden gutmachen. Die Interessenten merken, dass die Verkäufer ihr Problem

- verstehen wollen,
- sich Mühe geben und
- es am Ende auch verstanden haben.

Dabei kommt es gar nicht darauf an, dass wir das Problem besonders schnell verstehen. Im Gegenteil. Mir selbst wurde oft gesagt, dass es sehr gut wäre, dass ich so oft nachfrage und die Dinge hinterfrage. Damit habe ich so manche Fragestellung aufgedeckt, zu der es noch gar keine Antwort gab. Und wieder könnte man als Verkäufer sagen: »Die Kunden wissen nicht, was sie wollen«.

Wer als »nicht Handwerker« zum ersten Mal ein Haus baut, der kennt das. Der Architekt oder das Bauunternehmen stellt sehr viele Fragen. Sehr viele davon haben wir noch nicht durchdacht und können sie deshalb nicht beantworten. Andererseits haben wir das Bild von unserem Haus im Kopf. Nur können wir dieses Bild eben nicht ausdrucken. Und selbst, wenn wir das könnten, hätten wir immer noch nicht die Frage beantwortet, wie viele Steckdosen wir wollen und wo sie sein sollen.

Als Verkäufer können wir mittels einer gekonnten Bedarfsanalyse das Bild, das unsere Kunden im Kopf haben, begreifen. Zumindest kommen wir dem Verständnis für dieses Bild näher. Wir würden verstehen, um was es bei der »Reise nach Köln« eigentlich geht.

Interesse drückt Wertschätzung aus und schafft Sympathie

In vielen Büchern über Vertrieb und Vertriebskommunikation wird der Small Talk immer noch hoch gelobt. Seine Aufgabe ist es, eine Beziehung und damit Sympathie aufzubauen. Viele Menschen im technischen Vertrieb »ticken« anders. Sie halten Small Talk für unnötige Zeitverschwendung. Ganz besonders auf der Kundenseite. Jemand, der mit einem knappen Zeitbudget eine komplexe sachliche Aufgabe zu erledigen hat, möchte nicht unbedingt erst über das Wetter und den letzten Urlaub reden. In Kapitel 4.3 finden Sie mehr über die unterschiedlichen Persönlichkeitstypen. Die »3S der Motive« erklären, warum nur etwa einer von drei wirklich Spaß an Small Talk hat.

Mit einer guten Bedarfsanalyse lässt sich eine Beziehung zum Kunden in einem professionellen Dialog genauso gut oder sogar besser aufbauen als über Small Talk. Mit unserer Bedarfsanalyse drücken wir Interesse aus, was Wertschätzung vermittelt und Sympathie schafft. Wer sich wirklich für die Aufgabenstellungen interessiert und sich mit einbringt, der vermittelt großes Engagement. Mit so jemandem arbeitet man gerne zusammen. Für sachorientierte Menschen ist die Bedarfsanalyse also ein viel besserer Weg als der Small Talk, um sich eine Beziehung und Sympathie zu erarbeiten.

Engagierte Bedarfsanalyse schafft Vertrauen

Hatten Sie auch Schulkameraden oder Kommilitonen, die immer alles sehr schnell begriffen haben. Zumindest sagten sie zu meinem Erstaunen immer gleich: »Ja, klar, logisch.« Manchmal wollte ich später von ihrer schnellen Auffassungsgabe profitieren und bat sie, mir den Sachverhalt noch mal zu erklären. Bei einigen wurde es dann sehr, sehr dünn. Oft konnten sie mir nicht genau sagen, warum ein Sachverhalt genau so war. Wie oft fragen Sie solche Menschen nach Erläuterungen?

Unsere Kunden oder Interessenten möchten jedenfalls, dass wir ihre Aufgabenstellung ganz genau verstehen. Schließlich geht es für sie um viel. Zum Beispiel um hohe Beträge, aber noch wichtiger: Für die Verantwortlichen jeder Stufe geht es auch um Ansehen. Keiner will später schuld sein.

Wenn ein Verkäufer zu Beginn eines Beschaffungsprozess mehr fragt, als Interessenten zu diesem Zeitpunkt beantworten können, kann er durchaus Punkte sammeln. Er kann dadurch auch die Führung für die Bedarfsanalyse übernehmen. Damit zeigt er sowohl Fach- als auch Methodenkompetenz. Die Aufgabe von Verkäufern besteht darin, die richtigen Fragen zu stellen. Wenn wir die richtigen Fragen stellen und die Antworten verstehen, traut uns der Kunde auch zu, dass wir für ihn die richtigen Lösungen finden. Durch den dafür notwendigen intensiven Dialog entsteht Vertrauen. Aber Vertrauen entsteht nicht, wenn wir einfach schnell »Ja, ja, verstehe!« sagen. Wir müssen Antworten hinterfragen, aktiv zuhören und uns wirklich Mühe geben.

Alternative Lösungswege entdecken
Um die »richtige« Lösung zu einer Aufgabenstellung zu finden, ist es notwendig, das Ziel zu kennen. Manchmal können wir die gewünschte Lösung nicht exakt so bieten, wie sie gewünscht wird. Oft hilft uns dann ein gutes Verständnis für die Aufgabenstellung und die Ziele. Dann können wir alternative Lösungen erarbeiten, die ebenfalls zum Ziel führen. Dafür ist es zwingend notwendig, alle Elemente der Aufgabe und des Ziels präzise zu kennen. Das bedeutet, die RABEN-Methodik hilft uns dabei,

- Ziele und Wünsche herauszuarbeiten,
- die Interessen dahinter zu entdecken und zu verbalisieren,
- den Kunden zu zeigen, dass wir verstehen,
- Wertschätzung zu vermitteln und Sympathie zu erarbeiten,
- neue Wege zum Ziel zu definieren,
- Vertrauen aufzubauen.

Manchmal wird dem Kunden erst durch intensive Befragung klar, auf was es ihm vor allem ankommt. Das bedeutet, dass erst durch die Fragen der Verkäufer die Ziele klar formuliert werden, was »passende« Lösungen überhaupt erst ermöglicht. Hier liegt ein großes Potenzial, die fachliche und persönliche Kompetenz der Verkäufer zum Nutzen des Kunden einzubringen – die Beratungskompetenz von Verkäufern im Solution Selling.

3.3.2 Die RABEN-Methodik als Beispiel

Mithilfe einer strukturierten Fragetechnik werden Informationen systematisch und gezielt erfragt, um den Bedarf eines Kunden bzw. Interessenten zu entdecken und wirklich zu verstehen. Als Beispiel einer strukturierten Fragetechnik zur Bedarfsanalyse stellen wir hier die RABEN-Methodik vor. Die Vorteile, die wir hier anhand der RABEN-Methodik vorstellen, gelten auch für andere Methoden, wie z.B. SPIN, OPAL oder SPICE.

Die RABEN-Methodik ermittelt mit Fragen zu den folgenden Themen den Bedarf der Kunden:

- Rahmeninformationen,
- Aufgabenstellung,
- Bedeutung und Bewertung der Zielsetzung,
- Entwurf einer Lösung,
- Nutzenanalyse.

Hierbei handelt es sich um fünf einfache und logische Themenbereiche, die uns dabei helfen, unsere Kunden, ihre Aufgabenstellungen und ihre Ziele besser zu verstehen.

Eine solche Methodik stellt sicher, dass Verkäufer ihre Kunden und deren Aufgabenstellungen wirklich verstehen. Verkäufer müssen viel mehr über die Aufgabenstellung wissen, als nur die technischen Aspekte. Für eine gute und individuelle Lösung müssen sie die Hintergründe, die Ziele, Hoffnungen und Erwartungen der Kunden wirklich kennen und verstehen.

Beide, Verkäufer und Kunde, müssen also den Wert der **Aufgabenstellung** oder des Problems begreifen. Genauso wichtig ist es jedoch, dass auch sichergestellt ist, dass der Kunde die **Lösung** und deren Bedeutung und Wert komplett versteht. Nur so ist sichergestellt, dass der Kunde die Kosten seines Problems richtig und umfassend betrachtet. Nur dann wird er auch den

Nutzen und den Wert der Lösung differenziert beurteilen. Es ist also ein wirklicher Dialog notwendig, um eine Bedarfsanalyse erfolgreich durchzuführen. Die Kosten der Lösung sollten idealerweise niedriger sein als die Kosten des Problems. Das versteht sich von selbst.

Im ersten Schritt erfragen die Verkäufer die Rahmeninformationen. Dann geht es mit der Analyse weiter, der Aufgabenstellung und ihrer individuellen Bedeutung und Wertigkeit für den Kunden. Danach stellt man den Entwurf einer Lösung in Frageform vor. Wird dieser Lösungsvorschlag für gut befunden, erfolgt eine Analyse des potenziellen weiterreichenden Nutzens des Lösungsvorschlags für den Kunden. Methodisch geht es also nicht nur um den Primärnutzen für den Kunden entsprechend der Aufgabenstellung. Die neue Lösung kann ja durchaus auch für andere Bereiche von Nutzen sein und auch für diese Bereiche einen Wert darstellen. Und das sogar, ohne mehr zu investieren. Es geht hier also nicht um weiteren Umsatz, sondern nur um weiteren Nutzen.

Die RABEN-Fragetechnik systematisiert das Vorgehen in der Bedarfsanalyse. Sie lässt sich leicht erlernen und bringt großen Nutzen, also mehr Aufträge und mehr Umsatz. Denn nur wenn wir wirklich verstehen, was unseren Kunden wichtig ist und welche Bedeutung die Aufgabenstellungen haben, können wir eine adäquate Lösung schaffen. Es reicht nicht mehr aus, die Aufgabenstellung zu verstehen, wir müssen auch die Hoffnungen und Erwartungen an eine Lösung vollständig begreifen. Für uns selbst und für unseren Kunden sollten wir diese Erwartungen und Hoffnungen auf Verbesserungen auch quantifizieren.

Wenn es uns gelingt, dass Kunden diese Quantifizierung bis hin zu den Eurobeträgen mitmachen, dann verkaufen sich diese die Lösung häufig selbst.

3.3.3 Die Elemente der RABEN-Fragetechnik im Detail

Die RABEN-Methodik ist kein Leitfaden, sondern eine Liste wichtiger Themen, die dabei helfen, komplexe Aufgabenstellungen im Solution Selling zu verstehen und schlussendlich zu lösen. Sie ist kein Fahrplan, den wir von oben nach unten durchgehen müssen. Stattdessen können wir auch wieder zurückspringen oder mehrere Iterationen durchlaufen.

Trotzdem steckt in der Reihenfolge der Themen eine gewisse Logik. Ohne zu wissen, mit wem man spricht (Rahmeninformationen), sollte man nicht über die Aufgabenstellung sprechen. Wer eine Aufgabe nicht wenigstens im Ansatz kennt, kann deren Bedeutung nicht verstehen. Eine Lösung oder deren Entwurf zu präsentieren, macht aber nur Sinn, wenn wir die Aufgabe und deren Bedeutung wirklich verstanden hat. Und erst, wenn wir für den Entwurf grünes Licht haben, sollten Verkäufer nach dem Nutzen fragen.

Rahmeninformationen

Durch Fragen zu den Rahmeninformationen klären wir den Ausgangspunkt, den Status des Unternehmens, des Bereichs, die aktuelle Situation. Damit sammeln wir wichtige Informationen zum Umfeld der zu lösenden Aufgabenstellung. Also ganz bewusst nicht zur Aufgabenstellung selbst. Erst sollten wir etwas über das Umfeld wissen. Zu viele Verkäufer springen direkt zur Aufgabenstellung. Mit oder ohne Small Talk: Das ist in der Regel nicht der richtige Weg.

Natürlich werfen wir heute zunächst einen Blick auf die Webseite des Interessenten. Aber wir dürfen nicht vergessen, dass das, was dort steht, gezielt für potenzielle Kunden veröffentlicht wurde – nicht für potenzielle Lieferanten oder Partner. Verkäufer sollten die Informationen im Web nutzen, um gute Fragen zu stellen.

Wie ist die Situation? Welche Fakten liegen vor? Wir sammeln beispielsweise Informationen zu den folgenden Themen:

- Unternehmen,
- Branche/Branchensituation,
- Geschäftsmodell,
- Umsatz,
- Anzahl der Mitarbeiter,
- Produktion, Handel oder Dienstleitung,
- Niederlassungen und Produktionsstätten,
- Unternehmensentwicklung.

Wie viele Informationen wir als Hintergrund für eine Opportunity sammeln sollten, lässt sich nicht so pauschal sagen. Verkäufer sollten sich ein »Bild« vom Unternehmen und seinem Business machen.

Mit einem meiner Coachees war ich vor einigen Jahren bei einem Unternehmen im Umfeld der Allianz-Firmengruppe. Bei der Präsentation ging es um moderne betriebswirtschaftliche Datenanalyse. Das Briefing zum Unternehmen war etwas kurz geraten, aber für mich als Coach eher unwichtig. Hauptsache der Verkäufer kannte sich aus. So beobachtete ich über zwei Stunden meinen Coachee und seine Interaktion mit den verschiedenen Mitarbeitern des Kunden. Und die ganze Zeit überlegte ich, wie dieses Unternehmen sein Geld verdiente. Es ging irgendwie um den Verkauf von Informationen über den Geldmarkt und Wertpapiere.

Nach dem Kundentermin bat ich deshalb meinen Coachee: »Bevor wir das Gespräch nun analysieren und ich Ihnen mein Feedback geben, erzählen Sie mir doch bitte, wie die ihr Geld verdienen?«. Zurück kam: »Oh Mist, ich hatte gehofft, Sie hätten das verstanden.« Ja, das war Mist, denn ich hatte als Coach versagt. Jedenfalls fühlte ich mich so. Mein Coachee ging in eine Präsentation und fragte nicht als Erstes die Basics, also die Rahmeninformationen ab.

Aufgabenstellung
Weitere Fragen erkunden die Aufgabenstellung bzw. das Problem, und damit alle Detailinformationen, die die Aufgabenstellung beschreiben und für eine Lösungsfindung wichtig sein könnten.
- Was stört? Was wäre wünschenswert? Welche Aufgabenstellung gilt es zu lösen?
- Um was geht es? Was ist die Aufgabe oder das Problem?
- Welche Details zur Aufgabenstellung müssten in einer Lösung berücksichtigt werden?

Mit Fragen zur Aufgabenstellung werden die Beschreibung und die Spezifika der Aufgabenstellung erfragt. Hierbei kann man sehr gut mit Checklisten arbeiten. Diese helfen uns dabei, keine wichtigen Fragen zu vergessen – gerade, wenn es um die technischen Rahmenbedingungen für eine mögliche Lösung geht.

Dieser Bereich der eher technischen oder fachlichen Klärung wurde in den letzten zehn Jahren immer weiter verbessert. Das gilt insgesamt für die Fragetechniken im Vertrieb.

Die Fragen zur Aufgabenstellung nehmen die meiste Zeit in Anspruch. Trotzdem ist es nicht dieser Themenbereich, durch den Verkäufer am Ende gewinnen. Obwohl viele technische Verkäufer sehr stolz darauf sind, dass sie mit ihrem Know-how den Kunden großartige Lösungen vorschlagen können, fällt die Entscheidung beim Thema »Bedeutung«. Und das kommt bei vielen Verkäufern zu kurz.

Bedeutung und Bewertung der Aufgabenstellung

Durch Fragen zur Bedeutung ermitteln Verkäufer die Wertigkeit des Themas und seine Auswirkungen auf das Unternehmen oder den Bereich unseres Gesprächspartners. Sie analysieren den vom Interessenten genannten bzw. anerkannten Bedarf. Bedeutungsfragen klären die Hintergründe und Folgen der Aufgabenstellung, aber auch die mit ihr verbundenen Interessen, Erwartungen, Ziele und Hoffnungen. Damit werden auch die individuelle Bedeutung der Lösung für den Kunden und die Folgen der Nichtlösung deutlich herausgearbeitet.

Was möchte der Kunde mit der neuen Software, der neuen Maschine oder der Dienstleistung erreichen? Welche Verbesserungen erhofft er sich? Geht es nur darum, mit der neuen Maschine etwas schneller zu produzieren? Oder geht es vielmehr darum, dass ein Kunde neue Märkte erschließen will, was ohne eine schnellere Produktion nicht möglich wäre? Sie merken vielleicht: Das alles ist von unterschiedlicher Wertigkeit.

Im Rahmen der Fragen rund um die Bedeutung der Aufgabenstellung geht es auch darum, die Denkmodelle des Kunden zu verstehen. Peter Senge spricht von mentalen Modellen, andere eher von Konstruktivismus. Immer geht es um die spezielle Gedankenwelt der Kunden, die es zu ergründen gilt. Was meint ein Interessent, wenn er davon spricht, dass er eine »richtig gute und nachhaltige Lösung« braucht? Das ist so, als würde ich Sie darum bitten, mal eben an ein großes Fahrzeug zu denken. Woran denken Sie dann? Bei den Teilnehmern meiner Seminare sind das dann: SUVs, ein Hummer, ein Bus, ein

Lkw mit oder ohne Hänger, ein Sattelauflieger und im Winter auch schon mal ein Schneepflug.

Je besser wir verstehen, wie unsere Kunden denken, desto besser verstehen wir sie. Bei den typischen Projekten im Solution Selling haben wir es ja nicht nur mit einer Person zu tun und auch nicht nur mit einem Bereich. Wir müssen verstehen, wie verschiedene Menschen denken. Denn der Einkäufer denkt anders als der Produktionsleiter, der die Maschine kaufen will und der IT-Leiter anders als der Geschäftsführer, der das neue Rechenzentrum genehmigen muss. Mehr zum Thema »Denkmodelle« finden Sie in Kapitel 4.1.2.

Ohne die Kenntnis der dahinterstehenden Interessen und der individuellen Wertigkeit können Verkäufer die Bedürfnisse des Kunden nicht verstehen. Nur, wenn diese Punkte immer wieder erwähnt werden, fühlt sich der Kunde verstanden. Wenn Verkäufer die eigentlichen Ziele wirklich verstanden haben, können sie immer wieder alternative Lösungswege aufzeigen, die zuvor nicht möglich schienen. Diese Lösungswege erweisen sich regelmäßig als der »dritte Weg«, der von einem »faulen Kompromiss« zu einer Win-Win-Situation führt.

Wenn es um eine größere und schnellere Maschine geht, weil der Interessent mehr Aufträge für neue Märkten abwickeln möchte, ließe sich alternativ auch über zwei mittlere Maschinen nachdenken. Vor allem, wenn wir als Verkäufer das notwendige Leistungsniveau nicht anbieten können. Sicher gibt es eine Reihe weiterer Vorteile, die sich aus zwei mittleren Maschinen ergeben würden.

Beispiele für Ergebnisse der Bedeutungsfragen   **!**

Welche Bedeutung hat die Aufgabenstellung, was sind die Folgen ihrer Lösung bzw. ihrer Nichtlösung?

- Die Lieferfähigkeit beeinträchtigen oder verbessern,
- Kundenbindung verbessern oder verlieren,
- Marktanteile gewinnen oder verlieren,
- den Umsatz oder die Liquidität steigern oder senken,
- Verkäufer werden frustriert oder beflügelt,
- Qualitätsprobleme oder Qualitätsoffensive,
- Folgeprobleme und Problemfolgen oder auch neue Chancen,
- Mehraufwand oder Einsparung von Ressourcen.

Im ersten Schritt geht es darum, die Bedeutung der Aufgabenstellung für den Kunden zu verstehen. Dann geht es darum, den Wert dieser Aufgabenstellung in Euro zu transformieren.

Einer meiner Kunden verkauft und realisiert sehr hochwertige Automatisierungsprojekte. Das Ziel ist meistens, den Produktionsfluss zu optimieren und Personalressourcen einzusparen. Aber während es in den letzten 20 Jahren nur darum ging, Arbeitskräfte »wegzuautomatisieren«, geht es im Jahr 2018 darum, die freiwerdenden Fachkräfte effektiver einzusetzen. Denn es gibt immer weniger davon.

So gut unsere heutigen Roboter auch sein mögen, Menschen sind bei sehr vielen Aufgaben immer noch besser. Wo das Ziel dergestalt ist, berechnet sich der Return on Investment nicht nur über die eingesparten Jahresgehälter. Vielmehr stellt sich die Frage, was es kosten würde, wenn die Facharbeiter nicht für die wichtigen Aufgaben zur Verfügung stünden. Das könnte noch sehr viel teurer sein. Damit steigt der Wert einer guten Automatisierungslösung, und zwar ohne, dass die Kosten steigen. Wenn das gelingt, sind die Kosten oder der Preis der Investition nicht mehr so kritisch. Der Fokus liegt nicht mehr auf der Frage, wer es billiger macht. Der Blick wechselt hin zur Frage, wer eine wirklich gute Lösung im Budget (Geld, Zeit, Ressourcen) realisieren kann.

So können wir auch den Einkäufern begegnen, die immer auf »billig, billig« schielen. Viel zu viele Verkäufer lassen sich auf dieses Spiel ein, statt anhand von betriebswirtschaftlichen Rechnungen aufzuzeigen, dass auch die teure Lösung die preiswertere sein kann. Aber es genügt nicht, das nur zu behaupten. Verkäufer müssen das im Detail errechnen.

Entwurf einer Lösung
Jetzt geht es darum, herauszufinden, ob der Verkäufer die Aufgabenstellung richtig verstanden hat und mit seinem Lösungsansatz richtigliegt. Dabei muss noch nicht jedes Detail technisch korrekt sein. Vielmehr geht es darum, zu zeigen, wo man als Verkäufer geradesteht, was man verstanden hat und wie sich der Verkäufer die Lösung vorstellen kann. Am wichtigsten aber ist, dass wir vom Kunden hören, ob wir richtigliegen. Sollte das nicht der Fall sein, ist das jetzt kein Problem. Wir nehmen die neuen Informationen auf und gehen in eine neue Runde.

Mit dem »Entwurf einer Lösung« werden mögliche Lösungen in Frageform aufgezeigt. Durch die Frageform bleiben wir im Dialog. Wir können nach der Antwort des Partners weiterhin alle Lösungsoptionen untersuchen. Im Unterschied zu einem festen Vorschlag, den wir nur schwer wieder zurücknehmen können, bietet die RABEN-Methodik eine Alternative, die die Diskussion weiter in Gang hält, und zwar auch dann, wenn der Kunden unseren Vorschlag als unzureichend abgelehnt hat. Es ist nur ein »Informations-Nein« kein »Entscheidungs-Nein«.

Wie Vera F. Birkenbiehl in einem Ihrer Vorträge dargestellt hat, hat ein »Entscheidungs-Nein« eine viel stärkere Wirkung als ein »Informations-Nein«. Es belastet die Kommunikation und ist absolut unnötig. Wenn wir den »Vorababschluss« als Frage formulieren, können wir die Reaktion unseres Gegenübers und seine Einschätzung unseres Vorschlags ohne Risiko erfahren. Wir bleiben im Gespräch und können unseren Vorschlag, je nachdem, wie die Reaktion ausfällt, entweder konkretisieren oder in die vom Gesprächspartner gewünschte Richtung verändern. Fragen zum »Entwurf einer Lösung« dienen also genauso der Problemanalyse und Lösungsfindung wie die Fragen zu den anderen Themen auch, gehen aber einen Schritt weiter.

Ebenso hilfreich ist, dass die Interessenten den Nutzen bzw. die Sinnhaftigkeit der Lösung bestätigen. Sie sagen uns auch, warum ein Vorschlag tatsächlich eine Lösung ihres Problems darstellt, und verkaufen sich die Lösung dadurch selbst.

Noch ein weiterer Punkt macht die Entwurfsfragen so wertvoll. Sie fokussieren das Denken auf die Lösung, nicht auf das Problem. Das schafft eine positive und kreative Atmosphäre. In der Regel finden sich dadurch schneller Lösungen, was uns wiederum den Verkauf erleichtert.

> **Beispiele: Entwurfsfragen (Entwurf einer Lösung)**   **!**
>
> - Hilft Ihnen eine Lösung mit folgenden Komponenten …?
> - Wäre es für Sie hilfreich, wenn wir Folgendes machen …?
> - Stiften die Elemente des Angebots einen Nutzen im Sinn einer Lösung?
> - Trifft die folgende Lösung den Kern des Problems?

Der Anbieter argumentiert und überredet nicht, sondern bekommt eine Rückmeldung und ist dadurch weiter im Dialog. Die Argumente werden erst viel später wichtig und dann sind es die Argumente, die der Kunde für eine Lösung gefunden hat.

Nutzenanalyse
Glaubt der Gesprächspartner daran, dass unser **Entwurf einer Lösung** den Anforderungen der Aufgabenstellung entspricht, dann beleuchten wir mit der Nutzenanalyse die Qualität und Bedeutung dieses Lösungsansatzes. Wir lassen uns vom Interessenten die Zukunft darstellen, die wir durch unsere Lösung möglich machen. Damit lassen wir uns die Punkte bestätigen, die wir mithilfe der Bedeutungsfragen aufgedeckt haben. Es ist wichtig, dass der Interessent bestätigt, dass die Lösung die Ziele, Hoffnungen und Erwartungen des Projekts erfüllen kann.

Genauso wichtig ist die Analyse aller positiven Auswirkungen auf andere und weitergehende Bereiche oder gar auf die Kundenbeziehungen unseres Kunden. Damit erarbeiten wir einen möglichen zusätzlichen Nutzen, ohne dass zusätzliche Kosten entstehen. Es geht also um positive Auswirkungen auf andere Bereiche, die bisher nicht beleuchtet wurden, und um einen Nutzen, der bislang nicht angesprochen wurde. Weder vom Kunden noch von uns.

Kehren wir zurück zu unserem Beispiel mit der deutlich schnelleren Maschine, die der Kunde haben möchte, um mehr produzieren zu können. Das Hauptziel des Vertriebs ist, in weitere Länder verkaufen zu können. Wenn statt einer großen Maschine zwei Maschinen mittlerer Leistung gekauft würden, könnte der Interessent in der Produktion auch etwas flexibler reagieren. Was könnte das für den Vertrieb bedeuten? Große, sehr schnelle Anlagen haben häufig den Nachteil, dass die Rüstzeiten, und damit die Rüstkosten, sehr hoch sind. Das macht kleinere Aufträge sehr teuer oder wenig rentabel. Mit Anlagen mittlerer Leistung könnte der Vertrieb nun auch kleinere Aufträge annehmen. Diese Punkte wirken aber nur, wenn sie vom Kunden oder Interessenten selbst kommen, und nicht, wenn der Verkäufer sie als »Besserwisser« vorbetet.

Indem wir offene Fragen formulieren, erreichen wir, dass sich beim Interessenten das Bewusstsein für den Nutzen verfestigt, weil er den Mehrwert mit seinen eigenen Worten darstellt. Er schildert die Gründe, wegen derer er sich für eine Lösung und für den Lieferant entscheiden sollte. Dabei sind die Erwartungen und der Nutzen personen- bzw. funktionsabhängig. Die Erwartung des Geschäftsführers wird eine andere sein als die des Anwenders, des Controllers, des Einkäufers usw. Durch die Nutzenanalyse erhalten wir wertvolle Informationen über die Vorteile und Nutzenargumente für die verschiedenen Unternehmensbereiche und -ebenen.

Beispiele: Nutzenanalyse   !

Ein Verkäufer untersucht, welche Auswirkung, welche Wertigkeit und welche Bedeutung der Gesprächspartner dem Lösungsvorschlag beimisst.

Teil 1 – zu bereits genannten Erwartungen
- Entsprechen die Kosten dem subjektiv beigemessenen Wert?
- Was bedeutet die Entscheidung für Sie und für andere Bereiche?
- Was verbessert sich dadurch?
- Welche Auswirkungen hat die Entscheidung?

Teil 2 – zu anderen möglichen positiven Auswirkungen
- Wer ist außerdem durch die Lösung betroffen? Wer hat noch einen Nutzen?
- Welche weiteren positiven Auswirkungen könnte eine solche Lösung haben?
- Könnte ein Nutzen für andere Abteilungen entstehen?
- Sie sagen, durch zwei Anlagen mittlerer Leistung würden Sie mehr Flexibilität in der Produktion bekommen. Wer außer der Produktion könnte davon profitieren?
- Können Sie dadurch neue Zielgruppen ansprechen?
- Können Sie dadurch neue Kunden oder Kundengruppen gewinnen?
- Enthält die Lösung Kostensenkungspotenziale?

Es wäre immer gut, offene Fragen zu stellen. Aber wie Sie sehen, fallen auch mir geschlossene Fragen ein, wenn wir auf den Punkt kommen wollen. Diese können Sie auch gerne stellen. Spätestens nach dem zweiten »Nein« sollten Sie aber aufhören, zu fragen, sonst wirkt es, als würden Sie im Nebel herumstochern. Das vermittelt Ihrem Gegenüber dann leider das Gefühl von Inkompetenz und Verzweiflung.

Nicht immer ist ein weiterer Nutzen vorhanden. Wenn aber doch, wäre es schön, wenn er in der Return-on-Investment-Rechnung der Investition auftauchen würde. Wenn eine Lösung wirklich passt, wird der Kunden mit der Nutzenanalyse bestätigen, dass seine Ziele, Hoffnungen und Erwartungen mit der angestrebten Lösung realisiert werden können. Das ist Grund genug, die Lösung auch tatsächlich zu kaufen.

»Warum nach dem ›Ja‹ noch die Nutzenanalyse?«
Diese Frage höre ich oft von Teilnehmern meiner Seminare. Ja, warum sollte man nach einen »Ja« zum Entwurf einer Lösung nochmals in die Nutzenanalyse einsteigen? Ist diese nicht eigentlich mit der Analyse der Bedeutung erledigt?

Die Nutzenanalyse und die Analyse der Bedeutung haben tatsächlich vieles gemeinsam. Aber mit der Erkundung der Wertigkeit ist das Thema noch nicht »erledigt«. Gerade bei großen Opportunities sind wir zum Zeitpunkt der Bedarfsanalyse noch weit von einem Auftrag entfernt. Viel zu oft glauben Verkäufer, dass der Kunde bereits gekauft hätte. Warum sollten wir da noch mal alles infrage stellen? Aber das tun wir ja gar nicht. Nichts wird infrage gestellt. Was wir tatsächlich machen, ist: Wir sichern das Verständnis für den Nutzen ab. Und wir erkunden, ob es durch die skizzierte Lösung einen weiteren Nutzen geben kann.

Das alles ist noch Teil der wertorientierten Bedarfsanalyse. Wir wollen nicht nur eine technische Lösung, sondern auch eine wertvolle Lösung. Sie ist gegeben, wenn der Preis der Lösung geringer ist als die Kosten des Problems. Das wird uns später in der Abschlussphase bei den Verhandlungen sehr gut helfen.

Vor einigen Jahren hatte ich mit einer engagierten Gruppe von Versicherungsverkäufern im gewerblichen B2B-Vertrieb eine Diskussion. Die RABEN-Methodik mit dem Blick auf die Aufgabenstellung und die Bedeutung hatte die Versicherungsverkäufer überzeugt. Aber, was die Nutzenanalyse noch bringen sollte, war ihnen nicht zu vermitteln. »In unserer Branche wäre das zu viel«, erklärten sie mir. Ich habe meine Gründe natürlich nochmal dargelegt: das Festigen von Bedeutung, die Bestätigung, die Kunden sollen die Gründe selbst nennen usw. Andererseits bin ich nicht dogmatisch und das zentrale Thema ist ohnehin die Bedeutung und der Wert der Aufgabenstellung. Auch, dass es besser ist, den Entwurf der Lösung als Frage zu formulieren, war gut angenommen worden. »So what?« würden Amerikaner sagen. Vier von fünf ist gut.

Sechs Wochen später kamen diese Teilnehmer wieder ins Seminar. In der ersten Runde lasse ich die Teilnehmer meistens locker von ihren Erfahrungen berichten. Gleich zu Beginn meldetet sich einer zu Wort. Er erzählte von einer Betriebsunterbrechungsversicherung, die er verkauft hatte. Vor allem berichtete er, wie er dabei die RABEN-Methodik angewendet hatte. Es war vorbildlich. Er hatte gut herausgearbeitet, worin der Nutzen und die Bedeutung dieser Versicherung lag. Sollte beispielsweise die Küche einer Pizzeria abbrennen, wäre zwar die Küche selbst von der Feuerversicherung abgedeckt. Aber wer würde den Koch und die Bedienung bezahlen, bis die Pizzeria wieder öffnen würde? Auch ein kleiner Brand in der Küche bedeutet, dass es mindestens vier bis acht Wochen dauert, bis sie wieder ersetzt ist. Die Betriebsunterbrechungsversicherung deckt die während der Schließung fortlaufenden Kosten. Der Teilnehmer erzählte, dass er mit den Bedeutungsfragen alle sinnvollen Gründe erarbeitet hätte. Und doch versuchte er sich, weil es so gut lief und das Seminar so gut gewesen sei, an der Nutzenanalyse. Obwohl es aus seiner Sicht unnötig war und er nichts mehr erwartete, was darüber hinaus noch für die Versicherung hätte sprechen können. »Und doch«, erzählte er, »sagte der kleine, schwarzhaarige Pizzabäcker wie aus der Pistole geschossen: ›Die Bank wird es lieben‹. Er habe nämlich noch Bankschulden und monatliche Raten zu bezahlen.«

Solche Geschichte lieben wir Vertriebstrainer natürlich. Vor allem, weil sie den anderen Teilnehmern zeigen, dass man die Antwort nicht immer wissen muss, wenn man eine Frage stellt. Ganz besonders nicht, wenn man eine sinnvolle und offene Frage stellt. Anders ist das mit geschlossenen Fragen, vor allem, wenn sie als Suggestivfragen daherkommen.

Bei der Nutzenanalyse sollen die Argumente im Kopf des Ansprechpartners verankert werden. Das funktioniert aber nur, wenn der Ansprechpartner die Argumente selbst benennt. Dann kann er sie auch seinem Vorgesetzten gegenüber vorbringen, wenn der sich danach erkundigen sollte.

3.3.4 Strukturierte Bedarfsanalyse bringt mehr Erkenntniswert für den Vertrieb

Das entscheidend Neue an der RABEN-Methodik ist die Wertorientierung. Es geht eben nicht nur um die technischen Themen, das »Was«. Es geht vor allem um die Bedeutung und die Bewertung der Lösung bzw. zunächst der

Aufgabenstellung. Es geht um die Hoffnungen, Ziele und Erwartungen, die damit verbunden sind. Mit anderen Worten: Es geht um das »Warum« der Beschaffung.

Deshalb ist es wichtig, nicht bei der Aufgabenstellung stehenzubleiben und dann direkt eine Lösung vorzustellen, sondern nach der Klärung der Aufgabenstellung mittels der Bedeutungsfragen den individuellen und subjektiven Wert der Aufgabenstellung bzw. die individuelle »Stärke des Schmerzes«, den »Pain«, zu ermitteln.

Auch eher ungewohnt ist es, nicht einfach eine Lösung anzubieten, sondern die Lösung als Frage, als »Entwurf einer Lösungsfrage«, zu formulieren und diesen Lösungsvorschlag dann auch noch mit der Nutzenanalyse zu durchleuchten.

Gerade die Bedeutungs- und die Nutzenanalysefragen werden aber bisher in den Gesprächen und Verhandlungen kaum gestellt. Wenn sie überhaupt gestellt werden, geschieht das eher intuitiv als bewusst und zielorientiert.

Lösungen werden normalerweise vorgestellt und nicht als Fragen formuliert. Das wird dann noch als guter Ratschlag gesehen. Wird die Lösung abgelehnt, folgt in der Regel auch das Ende des Dialogs. Dann wird »einwandbehandelt« und argumentiert, was den Kunden häufig ärgert. Genau diesen Ärger des Kunden sollen die Entwurfs- und Nutzenanalysefragen verhindern. Vielmehr soll er sich aufgehoben und wertgeschätzt fühlen. Er wird nicht überzeugt, er überzeugt sich selbst – und wir leisten durch unsere qualifizierten Fragen Unterstützung. Das ist zumindest mein Verständnis einer guten Beratung im Vertrieb. Verstehen Sie mich nicht falsch, ich rede nicht davon, passiv nur den Bauchladen zu öffnen. Ich rede davon, die Aufgabenstellung und deren Bedeutung und Wert aktiv zu erarbeiten und dann eine Lösung als Dialogangebot vorzustellen.

Die konsequente Wertorientierung ist das Neue. Sie wurde zwar mit SPIN Selling schon vor 40 Jahren von Neil Rackham vorgestellt, hat aber in Deutschland noch immer keinen Durchbruch erlebt. Zumindest nicht im täglichen Handeln der Verkäufer. Gerade bei den komplexen und erklärungsbedürftigen Lösungen im Solution Selling mit seinen langen Verkaufszyklen und großen Buying Centern ist es wichtig, dass der Kunde die Lösung mitentwickelt. Nur dann wird sie von ihm auch angenommen. Und mit etwas Glück und Können, schaffen wir es, dass der Kunde sich die Lösung selbst verkauft.

3.3.5 Die RABEN-Methodik und der Umgang mit Pflichtenheften

Einige Verkäufer werden regelmäßig gebeten, Angebote auf der Basis von Pflichtenheften zu unterbreiten. Alle dafür notwendigen Fakten werden vom Kunden zur Verfügung gestellt. Warum also sollte der Verkäufer den Kunden mit einer Reihe von Fragen »behelligen«. Sicherlich hat der Kunde alle Aspekte der Bedarfssituation geprüft, oder?

Nicht jeder Kunde kennt wirklich alle Aspekte, die bei einer komplexen Aufgabenstellung wichtig sind, im Detail. Wenn der Kunde erkennt, dass die Fragen des Verkäufers immer wieder zu einer besseren Lösung führen, wird er gerne bereit sein, diese Fragen zu beantworten. Relativ viele Unternehmen nutzen die Kompetenz der Verkäufer gerne, vor allem, wenn sie dazu beiträgt, dass bessere Lösungen entstehen.

Für Sie als Anbieter bedeutet die Anwendung der RABEN-Methodik, dass Ihre Verkäufer nicht mehr nur reflexartig Angebote erstellen, die im direkten Wettbewerb zu den anderen Anbietern stehen. Durch die Antworten des Kunden können sich Anforderungen verändern, wodurch die Lösungen passgenauer werden. Damit hat der Verkäufer die Chance, sich positiv von seinen Wettbewerbern abzuheben. Eine »bessere Lösung« kann sich dadurch auszeichnen, dass der Preis niedriger ist, oder dadurch, dass die Lösung bei gleichen Kosten besser ist. Aber selbst, wenn die Kosten höher sein sollten, kann diese Lösung für den Kunden besser sein, dann nämlich, wenn wichtige Bedarfselemente entdeckt wurden und in der Lösung enthalten sind. Das sind dann echte Win-Win-Situationen. Kunde und Anbieter profitieren beide von der RABEN-Methodik zur Bedarfsanalyse.

Eine intensivere Bedarfsanalyse durch den Einsatz von Fragetechniken nach der RABEN-Methodik hat also eine zweifache Wirkung:

1. Wir können die Kundenbedürfnisse besser berücksichtigen und
2. das Verhältnis zum Kunden dadurch verbessern, dass wir ihn bei der Spezifizierung seines Bedarfs unterstützen.

Fragen zu stellen bedeutet auch, dass wir Interesse am anderen zeigen. Er erfährt und spürt dadurch die Wertschätzung, die wir ihm entgegenbringen. Das ist insbesondere so, wenn nicht einfach nur Fakten abgefragt werden, sondern auch die Bewertungen und Einschätzungen, und damit die individuelle Bedeutung, die der Aufgabenstellung beigemessen wird. Dadurch wird die Beratungskompetenz des Verkäufers für den Kunden erlebbar.

In Kapitel 3.4 stellen wir die Value Proposition vor. Sie ist das Vertriebsinstrument, durch das wir die Erkenntnisse der Bedarfsanalyse griffig zusammenfassen. Damit wird die Bedarfsanalyse noch viel wirksamer. Die Value Proposition setzt der Bedarfsanalyse sozusagen die Krone auf.

3.3.6 RABEN-Schlüsselfragen

Schlüsselfragen sind der Schlüssel zum Lösungsverkauf. Wer diese Informationen nicht besitzt, der kennt das Projekt nicht. Für die Führung sind sie wesentlich, um erkennen zu können, wo das Projekt im Sinne des Verkaufsprozesses steht, und welche Chancen bestehen, den Auftrag zu gewinnen.

RABEN-Schlüsselfragen sind Fragen nach
- den wichtigsten Entscheidungskriterien gemäß Kundenbedarf (RABEN-Methodik),
- der Bedeutung des Projekts für die Unternehmensstrategie,
- Ersatzbeschaffungen, Neuinvestitionen und Erweiterungsinvestitionen,
- dem Budget (1. Eingeplant, 2. Höhe),
- den Entscheidern und der letzten Entscheidungskompetenz – dem Genehmiger (siehe auch Kapitel 3.5),
- dem Beschaffungs- und Entscheidungsprozess,
- dem Zeitplan und den Meilensteinen (den Realisierungswünschen),
- den Stärken und Schwächen der Wettbewerber,
- sonstige Risiken, Hürden und Bedrohungen für die Investition.

Fragen Sie sich bei jedem Projekt, ob Sie diese Fragen beantworten können. Wenn nicht, dann wissen Sie, was noch zu tun ist.

Wenn Sie mit einem Vertriebsphasenmodell oder einem definierten Vertriebsprozessmodell arbeiten, dann ist die Beantwortung dieser Fragen ein Teil des Systems. Die Antworten stellen typischerweise wichtige »Meilensteine« dar, anhand derer der Projektfortschritt beurteilt wird.

Je früher im Verkaufsprozess Sie die Antworten auf diese Fragen kennen, desto eher können Sie beurteilen, ob Sie Chancen haben, das Projekt oder den Kunden zu gewinnen, oder wie Sie Ihre Chancen verbessern können.

Die Schlüsselfragen mögen in verschiedenen Branchen und Märkten unterschiedlich sein. Wichtig ist, dass Sie als Verkäufer die Schlüsselfragen in Ihren Märkten kennen und stellen. Also: Was sind die vier bis zehn wichtigsten Fragen in Ihrem Markt? Weichen sie von den hier genannten ab? Oder kommt nur die ein oder andere spezifische Frage hinzu?

3.3.7 Ziel- und lösungsorientierte Fragetypen – Bausteine der RABEN-Bedarfsanalytik

Die lösungsorientierten Fragen unterstützen die RABEN-Fragetechnik. Während die Grundstruktur definiert, nach was wir mit unseren Fragen suchen, macht das Thema »lösungsorientierte Fragetypen« Vorschläge, wie wir fragen könnten.

Fragen nach dem positiven Ziel	Was wünschen Sie sich? Was soll an die Stelle des bisherigen Zustands treten? Wie stellen Sie sich eine gute Lösung vor?
Wahrnehmungs- oder Sinn-orientierte Fragen (visuell/auditiv/kinästhetisch)	Was möchten Sie sehen? Wie soll eine Lösung aussehen? Welches Material möchten Sie in der Hand haben (fühlen)? Wie hat es sich angefühlt, als ...? Was haben Sie genau gesehen? Was haben Sie gehört?
Fragen nach Wechselwirkungen	Was kann X tun, um zu helfen? Was benötigen Sie von mir? Wie beeinflusst diese Entscheidung die Arbeit des Vertriebs? Wie könnte der Vertrieb dann wiederum ... beeinflussen?

Fragen nach Kriterien und Quantifizierung	Woran merken Sie, dass Sie Ihr Ziel erreicht haben? Was genau wollen sie als Zielzustand sehen, zählen, werten können?
Kernfragen	Auf den Punkt kommen. Was ist jetzt wirklich wichtig? Was ist Ihnen von dem Genannten das Wichtigste? Wenn es nur einen Punkt geben dürfte, an dem Sie die Entscheidung festmachen, welcher wäre das?
Konkretisierende Fragen	Was genau meinen Sie mit ... besser, schneller, einfacher ...? Könnten Sie bitte versuchen, das noch genauer zu spezifizieren?
Hypothetische Fragen	»Vom Ziel her rückwärts blicken«; Mal angenommen wir könnten die Aufgabenstellung lösen, was könnten Sie dann besser? ..., wie würden Sie sich dann fühlen? ..., was glauben Sie, hätte dann besonders gut funktioniert?

Tab. 2: Fragetypen

Auch, wenn wir die verschiedenen Fragetypen und deren Nutzen sofort verstehen, bis wir sie zielorientiert verwenden können, braucht es einiges an Erfahrung und Übung. Nehmen Sie sich die Fragen einzeln vor. Wählen Sie einen Fragetyp, von dem Sie glauben, dass er Ihnen häufig helfen könnte. Bereiten Sie seine bewusste Verwendung für Ihre nächsten Gespräche vor.

Verkäufer sind Profis der Kommunikation. Deshalb gehören Fragetechniken in ihren Werkzeugkasten. Und es sind beinahe dieselben Techniken, wie die, auf die auch ein guter Therapeut oder Coach zurückgreift. Denn das wäre auch ein Ziel: Werden Sie zum Coach Ihrer Kunden. Führen Sie sie zu guten Lösungen.

Die hier sehr kurz vorgestellten Fragetypen sollen Ihnen lediglich eine Idee davon geben, an was Sie weiterarbeiten könnten. Einmal mehr wird deutlich: Solution Selling ist nicht nur ein besonderer strategischer Ansatz, sondern erfordert auch kommunikative Fähigkeiten, die sich von anderen Vertriebsstrategien unterscheiden.

3.4 Die Value Proposition

Die Value Proposition ist ein vergleichsweise neues Instrument des Vertriebs und des Marketings. Hier gibt es aber einen grundlegenden Unterschied: Für das Marketing geht es um Nutzenversprechen, die sich der Anbieter ausdenkt, um Kunden zu überzeugen. Als Vertriebsinstrument enthält die Value Proposition dagegen die Wünsche und Hoffnungen der Kunden. Dieses Buch bespricht vor allem das Vertriebsinstrument Value Proposition.

3.4.1 Mit der Value Proposition überzeugen sich Kunden selbst

Die Value Proposition ist ein sehr starkes Instrument im B2B-Vertrieb. Das »Nutzenversprechen« ist deshalb so stark, weil sie das Interesse und den bewerteten Nutzen der Kunden ausdrückt. Es geht also um den konkreten Nutzen des Kunden und um den Wert, den er sich daraus erhofft – nicht um einen hypothetischen Nutzen. Denn der »Wert des Nutzens« ist der Grund, warum Kunden kaufen. Darum geht es schließlich, wenn gekauft wird, weil damit das Geld verdient wird. Mit dem bewerteten Nutzen werden die Investitionen refinanziert. Sicher erinnern Sie sich jetzt an die Bedeutungsfrage aus der RABEN-Methodik.

Es gibt noch einen weiteren Grund für die besondere Stärke der Value Proposition: Der Kunde wirkt an der Argumentation selbst mit. Das ist ein sehr wichtiger Aspekt der Idee. Wenn die Value Proposition das Ergebnis der Bedarfsanalyse ist, ist ihre Bedeutung noch viel größer. In der Zukunft wird die Value Proposition die Nutzenargumentation der Verkäufer komplett ersetzen. Mit dieser Prognose beziehe ich erst einmal nur auf Verkäufer im Solution Selling.

Eine solche kundenspezifische Value Proposition oder solch ein kundenspezifisches Nutzenversprechen wird also vom Verkäufer und von den Kunden gemeinsam entwickelt. Deshalb ist sie viel stärker als jede Argumentation, die Verkäufer sich ausdenken können. Verkäufer geben sich sehr viel Mühe bei der Argumentation von Kaufgründen. Aber eine gemeinsam entwickelte Value Proposition ist unschlagbar. Es sind die Ideen des Kunden, seine Motive, seine Gründe, die zum Kauf führen.

3.4.2   Value Proposition – bewerteter Kundennutzen überzeugt

Im Lösungsvertrieb geht es fast immer um die Steigerung der Effizienz der Kunden. Es geht um bessere Marktchancen und einen angemessenen Return on Investment. Die zu erwartenden positiven Effekte einer Investition in der Zukunft sind die Auslöser einer Beschaffung. Diese Effekte und deren Wert in Euro sind bei den Abschlussverhandlungen entscheidend. Deshalb müssen wir diese Return-on-Investment-Werte kennen. Sind sie nicht darstellbar, ist kaum mit einer Investition zu rechnen. Deshalb legen wir in der Bedarfsanalyse so viel Wert auf dieses Thema.

In der Kommunikation, im Verkaufsgespräch, mit dem Kunden ist es wichtig, sich auf diesen bewerteten Nutzen zu konzentrieren. Zu oft werden nämlich auch noch die vermeintlichen Vorteile eines Produkts oder einer Lösung betont – also das, was sich Marketing und Verkäufer ausdenken. Diese Sicht der Verkäufer ist nicht komplett wertlos, aber Verkäufer sollten sie erst mal für sich behalten und dafür nutzen, um in der Bedarfsanalyse die richtigen Fragen zu stellen.

Denn es geht um die konkreten Vorstellungen und Interessen der Kunden. Es geht um den Nutzen, den die Kunden in der Leistung sehen. Diesen Nutzen können wir mit der Bedarfsanalyse ermitteln. Um ihn dann in das Nutzenversprechen, die Value Proposition aufzunehmen. Mit diesem Vorgehen werden also die Erkenntnisse aus der wertorientierten Bedarfsanalyse optimal genutzt, um die Argumentation des Kunden zusammenzufassen.

> Mit diesem Vorgehen geben Verkäufer den Kunden die Chance, zu kaufen. Kunden werden nicht überzeugt, Kunden überzeugen sich selbst.

Wenn das gelingt, muss man als Verkäufer weniger verkaufen. Der Kunde kauft, weil er überzeugt ist. Nicht, weil er überredet wurde. Das ist die Idee und sie funktioniert sehr gut!

3.4.3 Nutzenversprechen vs. Value-Proposition-Design

Heute ist das Value-Proposition-Design-Konzept von Alexander Osterwalder in aller Munde. Deshalb sind jetzt endlich auch die Entwickler von Produkten und Manager aufgerufen, den Kunden gut zuzuhören. Es geht nicht mehr darum, dass der Anbieter definiert, was ein Produkt können muss. Vielmehr ist es wichtig, dass wir dem Kunden genau zuhören. Erst zuhören und dann liefern, was er braucht. Damit erfahren wir auch, was der Kunde zu bezahlen bereit ist.

Das ist der Verdienst des »Value-Proposition-Designs«. Aber schon lange vorher hat es das Konzept der Value Proposition im Lösungsvertrieb gegeben. Leider ist es noch immer wenig bekannt. Es wird deshalb oft mit der Nutzenargumentation verwechselt. Noch immer glauben Verkäufer, sie müssten den Kunden einen Nutzen erklären. Aber es ist genau umgekehrt. Der Kunde muss dem Verkäufer den Nutzen erklären, damit dieser Kunde daran glaubt. Die Aufgabe des Verkäufers ist, zu verstehen, nach welchem Nutzen die Kunden suchen. Und oft muss der Verkäufer dem Kunden helfen, den erhofften Nutzen zu formulieren. Das ist die beratende Aufgabe in der Bedarfsanalyse.

3.4.4 Kunden möchten sich selbst überzeugen

In der Vergangenheit war es möglich, Kunden durch eine gekonnte Nutzenargumentation zu überzeugen. Dies funktioniert in der aufgeklärten Welt des heutigen B2B-Vertriebs kaum noch. Und wird in der Zukunft immer weniger funktionieren. Das berichten erfahrene Verkäufer im Außendienst, genau wie die Verkaufspsychologen.

Kunden sind heute sehr selbstbewusst und entscheiden selbst, was sie kaufen. Sie wissen selbst, was sie wollen oder nicht mehr wollen. Aber leider fragen die Verkäufer zu wenig danach. Kunden im B2B-Vertrieb vertrauen anderen deshalb immer weniger. Sie sind selbstbewusster und setzen deshalb immer mehr auf eigene Erfahrungen. Zudem kennen sie die eigenen Interessen und Bedürfnisse natürlich besser als ein Verkäufer. Kunden möchten sich selbst überzeugen, nicht überzeugt werden. Was sie gar nicht wollen, ist, im Verkaufsgespräch überredet zu werden. Das ist völlig out und bewirkt eher Reaktanz bei den Kunden, sie schalten auf Widerstand.

Der zu erwartende Kundennutzen wird deshalb in der Bedarfsanalyse mit dem Kunden zusammen erarbeitet. Der Kunde wirkt also selbst mit. Deshalb ist die Argumentation der Value Proposition deutlich wirksamer. Und führt häufiger zum Kauf.

Wer kann denn besser über den Zuwachs an Effizienz, Marktchancen oder Return on Investment in der Zukunft urteilen? Besser als der Kunde selbst? Der Kunde will sich von der richtigen Lösung überzeugen. Als Verkäufer sollten wir den Kunden deshalb dabei unterstützen. Die Value Proposition hat den Kundennutzen als Return on Investment im Fokus.

Im Verkaufsgespräch der Zukunft, wird sich die Aufgabe des Verkäufers in der Kommunikation offensichtlich verändern. Wo der Verkäufer heute noch überwiegend Lieferant ist, wird er morgen mehr Berater und Wegbegleiter sein. Das ist viel spannender.

3.4.5   Bedarfsanalyse ist Grundlage für die Value Proposition

Die letzten Abschnitte haben sicher unmissverständlich verdeutlicht: Die Grundlage der Value Proposition ist die Bedarfsanalyse. In einem meiner Seminare meinte ein Teilnehmer: »Aha, dann ist die Value Proposition das Sahnehäubchen der Bedarfsanalyse.« Das ist ein guter Gedanke, nur sehe ich die Value Proposition als die Krone der Bedarfsanalyse.

Auch die RABEN-Methodik unterstützt Verkäufer bei der Bedarfsanalyse. Sie liefert die Inhalte der Value Proposition, die Erwartungen und Motive des Kunden. Und sie quantifiziert diese auch. Warum agiert der Kunde gerade heute und welche Dringlichkeit hat die Anfrage? Wie sieht der sachliche Bedarf des Kunden aus? Welche Erwartungen an Umsatz, neue Kunden, geringere Kosten verbindet der Kunde mit einer Investition? Welche Leistungsmerkmale bietet eine für den Kunden nützliche Differenzierung? Sie erinnern sich an die Bedeutungsfragen?

Diese und weitere Punkte, die eine wichtige Rolle spielen, münden in die Formulierung einer starken Value Proposition. Da der Kunde dieses Nutzenversprechen mit dem Verkäufer zusammen formuliert, hat diese Argumentation eine so große Kraft im Abschluss. Ganz besonders im Lösungsvertrieb.

Die Bedarfsanalyse ist also die Grundlage für die Value Proposition. Deshalb sollten Verkäufer die Fragetechniken dazu bestmöglich beherrschen. Nutzen Sie eine der strukturierten Methoden der Bedarfsanalyse und nutzen Sie die Erkenntnisse daraus für die Value Proposition.

3.4.6 Mehr Abschlüsse durch eine Value Proposition

Eine gemeinsam entwickelte Value Proposition bedeutet:
- Verkäufer erfahren mehr über den Bedarf des Kunden,
- der Wert der Aufgabenstellung wird offengelegt,
- der Kunde arbeitet an seiner optimalen Lösung mit,
- er erarbeitet seine Argumentation mit uns – sein eigenes Nutzenversprechen.

Der Kunde selbst liefert die Begründung für den Kauf. Damit liefert er die Argumente für die Notwendigkeit bestimmter Besonderheiten und Mehrinvestitionen. Denn diese resultieren aus seiner Praxis. Es ist sein konkreter und gut begründeter Bedarf.

Er bringt sich auch im Sinne seines Persönlichkeits- oder Kundentyps (siehe Kapitel 4.3), seiner Motive und Interessen ein. Deshalb findet er sich dann auch in »seiner« Argumentation, der Value Proposition, wieder. Die Aufgabe des Verkäufers ist vor allem, diesen Prozess optimal zu unterstützen. Das stimmt ganz besonders im Solution Selling, wo wir es oft nicht nur mit einem Entscheider zu tun haben, sondern mit mehreren – einem Buying Center. Der Maschinenführer, der Produktionsleiter, der Geschäftsführer und der Einkäufer. Sie alle haben unterschiedliche Interessen. Nicht selten gelingt es erfahrenen Verkäufern, hier eine Rolle als Moderator zu übernehmen. In dieser Rolle wird er dann auch an einer übergreifenden Value Proposition für das gesamte Buying Center arbeiten.

In Abwandlung eines Satzes von Benjamin Franklin behaupte ich:

> Argumente, die die Kunden selbst finden, sind die stärksten.

3.4.7 Der Bauplan einer Value Proposition

Mit der Bedarfsanalyse fokussiert der Verkäufer den Blick des Kunden auf die wichtigen Themen. Zugleich hilft er dem Kunden diese Themen von verschiedenen Seiten zu beleuchten. Gemeinsam werden der Bedarf und der Nutzen einer Lösung ermittelt.

Eine kompakte Value Proposition sollte deshalb:

- alle wichtigen Teile der Aufgabenstellung enthalten. Das ist die Basis. Dann erst geht es
- um die Erwartungen des Kunden. So wie dieser uns den Nutzen erklärt hat. Darum geht es eigentlich.
- Im dritten Teil geht es kurz um die Lösung und in wenigen Worten darum, warum der Anbieter das ideale Konzept hat.

Diese Zusammenfassung ist eine wichtige Dienstleistung des Verkäufers. Wenn diese Anforderungen mit den für den Kunden wichtigen Leistungsmerkmalen verbunden werden, ergibt sich eine überzeugende Value Proposition. Dieser Vorschlag sollte aber unbedingt vom Kunden bestätigt werden.

Eine solche Value Proposition ist ein entscheidender Teil in einem Angebot. Sie hilft unserem Interessenten, sein eigenes Management zu überzeugen und eine Entscheidung herbeizuführen, damit der Kunde kaufen kann. Das ist modernes Verkaufen heute.

3.4.8 Value Proposition – vom Verkäufer zum Coach

Die Bedarfsanalyse ist das Instrument, mit dem die individuellen Elemente der Value Proposition erarbeitet werden. Wir ermitteln mit dem Kunden dessen Anforderungen und lassen sie von ihm selbst bewerten. So überzeugen sich die Kunden mithilfe unserer Fragetechnik selbst. Vom Verkäufer angeleitet definieren die Kunden den individuell geforderten Nutzen. Möglichst für das ganze Buying Center. Die Kunden definieren also ihren Bedarf und die ideale Lösung. Damit müssen sie also vor allem sich selbst vertrauen. Der Verkäufer nimmt immer mehr die Rolle eines Mitglieds im Team ein. Er ist damit der Coach im Beschaffungsprozess. So sieht es auch das Konzept Insight Selling vor. Die Rolle der Verkäufer wird sich immer mehr verändern. Die Kunden wollen eher einen beratenden Partner als einen Verkäufer, der seine Produkte anpreist.

Der spezifizierte Bedarf, die ideale Lösung und die sich daraus ergebenden Möglichkeiten sind die Elemente der Value Proposition. Der Verkäufer hat als Service die Aufgabe, diese Elemente schriftlich zusammenzufassen. Damit hat der Kunde eine Argumentation, die er selbst entwickelt hat: seine Value Proposition.

Der Verkäufer wird zum Berater oder Coach, indem er die richtigen Fragen stellt und die Anforderungen zusammenschreibt.

3.4.9 So lässt sich die Value Proposition einsetzen

Es wurde schon erwähnt, dass die Value Proposition Teil eines Angebots sein sollte. Im Vorwort eines Angebots und in der Management Summary ist sie sicher gut platziert. Aber man sollte sie schon früher nutzen. Schon die E-Mail nach dem ersten persönlichen Gespräch sollte neben Ihrem Dank und den wichtigsten Fakten und Vereinbarungen auch die Value Proposition enthalten. Dabei muss es sich noch nicht um die letzte Fassung handeln.

Die Value Proposition lässt sich auch gut zu Beginn einer Leistungspräsentation einbauen. Zeigen Sie damit, was Sie bis dahin über das Projekt und die Ziele des Kunden gelernt haben. Wenn dann einer widerspricht, ist das prima. Widerspruch in einer Leistungspräsentation ist besser als Widerspruch in der Schlussverhandlung.

3.5 Die Buying-Center-Analyse

An Entscheidungen über die Beschaffung von erklärungsbedürftigen Lösungen sind fast immer mehrere Personen beteiligt. Ist das der Fall, sprechen wir von einem Buying Center. Verkäufer sollten deshalb unbedingt immer eine Buying-Center-Analyse durchführen, um sich über die Beteiligten und deren unterschiedliche Interessen klar zu werden.

Das Buying Center ist der Schlüssel zum Kunden im Lösungsvertrieb. Mit seiner Analyse bekommen wir wichtige Hinweise über die verschiedenen Interessen und die Machtverhältnisse beim Kunden. Das wichtigste Thema ist die Frage der formellen und der informellen Macht im Entscheidungsprozess. Diese Analyse ist deshalb besonders wichtig, weil es sehr häufig kein formelles Buying Center gibt, und wenn doch, sind nicht immer alle Entscheider in diesem formellen Gremium.

In Großbritannien wird eher von der Decision Making Unit (DMU) gesprochen. Die Analyse beleuchtet die Funktionen, Hierarchien und Rollen der einzelnen Entscheider. Außerdem beleuchtet sie die Machtverhältnisse und Beziehungen der Mitglieder des Buying Centers. Und sie stellt die Frage, ob alle wichtigen Entscheider bereits bekannt sind ihre Beteiligung noch für sich behalten.

Wann immer Verkäufer diese Analyse nutzen, erhalten sie wichtige Erkenntnisse.

3.5.1 Warum die Buying-Center-Analyse?

Ist es Ihnen als Verkäufer schon passiert, dass Sie nicht verstanden haben, warum Sie nicht zum Zug gekommen sind? Obwohl Sie alle Anforderungen erfüllen und auch einen guten Preis anbieten konnten? Meistens erfährt man erst viel später, was passiert ist. Aber später ist eben zu spät. Dann haben wir bereits viel Arbeit in eine Opportunity gesteckt. Außerdem haben wir knappe Ressourcen gebunden. Das ist besonders ärgerlich, wenn man es vorher hätte wissen können. Die Buying-Center-Analyse soll uns helfen, die Entscheider und deren Strukturen zu begreifen. Das wiederum sollte helfen, weniger Fehler zu machen. Und früher mit den richtigen Entscheidern über die richtigen Themen zu sprechen. Oder, weil Sie genug wissen, früher auszusteigen. Auch das wäre ein großer Gewinn durch die Buying-Center-Analyse.

Verkäufer würden also:

- Zeit gewinnen (kürzere Vertriebszyklen),
- Ressourcen sparen,
- professioneller auftreten,
- sich noch mehr auf die wirklichen Chancen fokussieren,
- andere im Verkaufsteam leichter mit dem Kunden vertraut machen und einbinden.

Könnte sich das für Verkäufer lohnen? Könnten diese mehr Projekte gewinnen, wenn Sie die Buying-Center-Analyse anwenden? Wären ein oder zwei neue Kunden mehr, ein Erfolg? Wenn wir Ihnen das versprechen könnten, würden Sie dann die Zeit investieren?

Lesen Sie nicht weiter, wenn Sie jetzt nicht mit einem »Ja« antworten. Es wäre verschwendete Zeit.

3.5.2 Was ermitteln wir mit der Buying-Center-Analyse?

Buying Center, DMU, Entscheidergremien oder Einkaufsteams werden oft formell zusammengestellt. Vor allem, wenn es um sehr wichtige und bereichsübergreifende Entscheidungen geht. Wie die Beschaffung von langfristig bedeutenden Leistungen. Aber auch informelle Buying Center sollten genau beleuchtet werden.

Es geht bei der Buying-Center-Analyse darum, herauszufinden:

- Welche Rolle jeder der Entscheider spielt.
- Wer wie viel Macht hat.
- Ob er die Macht selbst hat oder nur vertritt.
- Wie das Beziehungsgeflecht im Buying Center aussieht.
- Welche Interessen und Einstellungen die einzelnen Entscheider leiten.
- Ob und welche politischen Ziele es gibt, die von manchen verfolgt werden.
- Mit welchen Kundentypen wir es im Einzelnen zu tun haben.

Um die Motive und Interessen besser zu verstehen oder zumindest zu erahnen, wurden »Rollenmodelle« entwickelt. Dabei wird unterstellt, dass diese Rollen immer wieder sehr ähnliche Interessen haben, aber zugleich auch ein ähnliches Mitspracherecht. Es ist sicher gut, diese Punkte eher als gute Fragestellungen zu begreifen, denn als eiserne Gesetze. Denn solche Gesetze gibt es im Vertrieb nie. Sicher ist jedoch, dass Verkäufer erfolgreicher verkaufen, wenn sie die Rollen kennen und sich der Strukturen zwischen diesen bewusst werden.

3.5.3 Buying-Center-Analyse – Rollenmodelle

Es gibt unterschiedliche Rollenmodelle für die Buying-Center-Analyse. Fast alle kommen aus dem angelsächsischen Raum. Aus den verschiedenen Modellen haben wir bei der alphaSales ein einfach nutzbares Konzept entwickelt, das sich leicht an verschiedene Märkte anpassen lässt.

Ein solches Rollenmodell ist auch als gut als Basis für ein spezielles Rollenmodell geeignet, eines, das Sie für Ihren Markt entwickeln wollen. Viele der Rollen finden sich in den verschiedensten Buying-Center-Modellen.

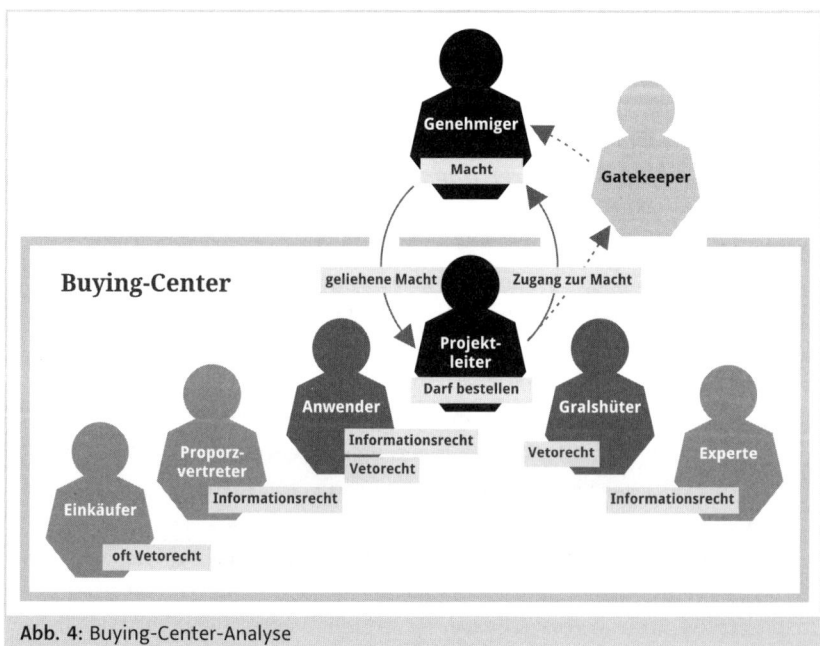

Abb. 4: Buying-Center-Analyse

3.5.4 Die wichtigsten Rollen und deren Positionen

Das Buying-Center-Konzept wurde zunächst von Webster und Wind für das Marketing entwickelt. Sie haben auch ein solches Rollenmodell entwickelt.

- Projektleiter
  - Koordiniert den Entscheidungsprozess, manchmal ist er eher Schriftführer, manchmal eher der Entscheider,
  - hat relativ viel Macht, meistens geliehene Macht,
  - wird oft vom Genehmiger oder dem Gatekeeper beauftragt.
- Gralshüter
  - Achtet auf die Einhaltung von Regeln und Richtlinien,
  - hat ein Vetorecht, wenn er beteiligt wird,
  - hat damit eine sehr starke Position.
- Anwender/User/Betroffener
  - hat oft ein Vetorecht als Betroffener,
  - hat oft eine Doppelrolle als sachkundiger Experte.
- Experte
  - kann ein interner, aber auch ein externer Sachverständiger sein,
  - kann nur Meinungsbildung beeinflussen (kein Vetorecht),
  - seine Stärke hängt von seinem persönlichen Einfluss ab.
- Proporzvertreter
  - Vertritt eine weitere Organisationseinheit, die »am Tisch sitzen« sollte, die aber niemand wirklich braucht,
  - hat deshalb kaum formelle Einflussmöglichkeiten.
- Einkäufer
  - hat in Bezug auf Beschaffungsfragen oft ein Vetorecht,
  - geht mit der Macht sehr geübt um,
  - hat oft eigene Interessen,
  - hat eigene Ziele, wie Rabattziele.
- Influencer
  - ist jemand, der die Entscheidung massiv beeinflusst, aus welcher anderen Rolle auch immer (es wäre korrekter ihn über die Persönlichkeitstypologie zu beschreiben),
  - ist in vielen Rollenmodellen zu finden, mit meistens verschwommenen Definitionen (was wenig hilft).

- Gatekeeper
  - Ist der, der zwischen dem Verkäufer und dem Genehmiger steht; er kann die Tür zum Genehmiger aufstoßen,
  - kann der Projektleiter sein oder auch dessen Vorgesetzter.

Diese Rollen finden sich in Buying Centern der verschiedensten Märkte wieder. Manchmal scheint eine Rolle nicht besetzt zu sein. Wenn das so aussieht, kann es sein, dass eine Person zwei Rollen besetzt. Es kann auch mal sein, dass eine Rolle wirklich nicht besetzt ist oder, im schlimmeren Fall, dass Sie einen Beteiligten noch nicht kennen. Suchen Sie nach dieser Rolle. Weil die wichtigen Rollen fast immer besetzt sind. Manchmal tauchen sie aber erst spät auf. Oft mit unberechenbarer Wirkung.

Wenn Sie den Gralshüter, den Hüter von Regeln und Richtlinien, nicht entdecken können, dann verstärken Sie die Suche nach ihm. Bei Software ist das oft der IT-Leiter. Er interessiert sich nicht sehr für die Software der Fachabteilungen, solange die Regeln und Richtlinien der IT eingehalten werden. Solche Richtlinien können sein, dass nur bestimmte Datenbanken zum Einsatz kommen dürfen. Widerspricht die Software diesen Regeln, wird die IT das Vetorecht nutzen. Die Software wird dann nicht gekauft. Dafür gibt es meistens sehr triftige Gründe.

Bei Entscheidungen, die das Thema »Personal« berühren, hat der Betriebsrat oft diese Vetomacht. Denken Sie an Zeiterfassungssysteme und Ähnliches. Auch für mich als Trainer ist der Betriebsrat ein wichtiger Gralshüter. Wenn Maßnahmen ergriffen werden, die den Richtlinien der guten Personalführung widersprechen, müssen Dinge verändert werden. Gerade, wenn es um Bewertungen von Teilnehmern geht, sind die Betriebsräte sehr kritisch. Verständlich.

3.5.5 Vergessen Sie den Genehmiger nicht

Projektleiter, Anwender, Gralshüter, Experten und Einkäufer beschäftigen die Verkäufer so sehr, dass der wichtigste Entscheider viel zu oft übersehen wird: der Genehmiger. Verkäufer sollten ab dem ersten Termin die folgenden Fragen stellen:

- Wer trifft die letztendliche Entscheidung?
- Wer genehmigt diese Investition?

Diese Fragen sind von zentraler Bedeutung. Viele Verkäufer hängen sich zu sehr an den Projektleiter. Sie beschäftigen sich zu wenig mit den anderen Beteiligten. Der Projektleiter ist ihr Freund und Coach. Aber das kann sich bitter rächen. Und für aktive und offensiv arbeitende Verkäufer reicht ein solches Verhalten nicht aus. Es macht Verkäufer zu sehr von diesen Entscheidern abhängig.

Wenn Verkäufer nicht nach dem Genehmiger suchen, der letztendlich die Entscheidung trifft, ist das sehr gefährlich. Diesen Genehmiger sollten wir so früh, wie möglich kennenlernen. Er kann der Geschäftsführer sein – oder die gesamte Geschäftsleitung. Meistens ist es eine einzelne Person auf Geschäftsleitungsebene. Verkäufer müssen diese Rolle erkunden, finden und eine Verbindung aufbauen.

In der Regel ist der Genehmiger durch den Projektleiter im Buying Center vertreten. Deshalb glaubt der Projektleiter auch, dass er mit seinem Buying Center die Entscheidung trifft. Typischerweise ist er jedoch nur ein »Vorbereiter« der Entscheidung. Nicht selten werden diese Entscheidungen später von der Geschäftsführung umgestoßen.

Oder es werden gleich zwei Entscheidungsoptionen vom Buying Center vorbereitet. Damit der Genehmiger seine Gesichtspunkte einfließen lassen kann. Wenn wir dann keinen Zugang zum letztendlichen Entscheider haben, müssen wir den Erfolg dem Zufall überlassen. Das kann kein Verkäufer wollen.

Es ist deshalb äußerst wichtig, schon früh einen guten Kontakt zum Genehmiger aufzubauen.

3.5.6 Das Buying Center als System begreifen

Die Buying-Center-Analyse beleuchtet zunächst die einzelnen Entscheider und deren Verhältnis zu anderen Entscheidern. Gleichzeitig ist es sehr wichtig, diese Buying Center auch als ein System zu begreifen – ein System aus unterschiedlichen, sehr individuellen Befindlichkeiten und Bedürfnissen.

Das macht jedes Buying Center einzigartig, und damit schwierig im Umgang.

Manches können Verkäufer erkennen, wenn sie sich mit der Unternehmenskultur eines Kunden befassen. Denken Sie doch manchmal auch an die Unternehmenskultur, wenn Sie sich die Fragen zu den Rahmeninformationen überlegen.

Wir dürfen nie vergessen: Menschen kaufen von Menschen! Ein alter Leitspruch im Vertrieb, aber auch im oft sehr sachlichen Solution Selling stimmt er haargenau. Das bedeutet, eine Beziehung zu jedem Entscheider aufbauen. Aber gleichzeitig ist es notwendig, diese Entscheider auch als Teile eines Systems zu verstehen.

Ein System beispielsweise, in dem viel Spannung herrscht, wird eher keine Entscheidung treffen. Eine homogene Gruppe von Entscheidern lässt sich dafür viel schlechter beeinflussen. Man sollte sich also auch fragen, ob das System eher mit Sachfragen oder mit Macht- und Beziehungskämpfen beschäftigt ist. Kann man offen kommunizieren oder geht es um »tarnen und täuschen«. Wenn es um Letzteres geht, dann ist der Kontakt zum Genehmiger umso wichtiger.

Also: Beleuchten Sie sowohl die Individuen als auch das System.

3.5.7 Die Buying-Center-Analyse systematisch nutzen

Die Buying-Center-Analyse ermittelt zunächst die unterschiedlichen Rollen, Funktionen und Kundentypen der Beteiligten. Dann werden die Machtstrukturen sowie die formellen und informellen Beziehungsstrukturen dieser Manager beleuchtet.

Außerdem versucht man die Förderer und Gegner eines Projekts zu erkennen. Aber auch die Einstellung zur eigenen Lösung wird beleuchtet. Nicht zuletzt gilt es, die Netzwerke der Kunden zu erkennen. In manchen Rollenmodellen findet sich auch die Rolle des Coachs oder Freunds des Verkäufers. Das sind Auswüchse, die wenig mit der grundlegenden Struktur und Zielsetzung der Buying Center zu tun haben. Es muss das klare Ziel von Verkäufern sein, alle Entscheider zum Coach oder Freund zu machen.

Wenn Sie komplexe Investitionsprojekte verkaufen, lohnt es sich, die Beteiligten auf der Kundenseite ganz individuell zu beleuchten. Damit können Sie im Rahmen des Opportunity-Managements die Verkaufsstrategie und den Ressourceneinsatz zielsicherer festlegen. Damit lassen sich auch die Verkaufsgespräche und Verkaufsverhandlungen effektiver vorbereiten und dadurch professionell führen.

Die Analyse muss immer in Verbindung mit der Bestimmung der Persönlichkeitstypen gesehen werden. Nur, wenn man die Kundentypen erkennt, kann man ermessen, wie ein Entscheider seine »Rolle« ausfüllen und leben wird. Das ist wie im Fußball. Nur, weil einer die »6« auf dem Rücken trägt, ist noch nicht klar, wie er als diese agieren wird. Da haben wir schon sehr unterschiedliche Auftritte gesehen.

Die Value Proposition muss die spezifischen Interessen der wichtigsten Entscheider im Buying Center abdecken. Das ist so wichtig, weil die Value Proposition sehr gut die Bedürfnisse der Kunden widerspiegelt. Und gleichzeitig verbindet sie unsere Fähigkeiten mit den Notwendigkeiten der Lösung.

3.5.8 Der Nutzen der Buying-Center-Analyse

Durch die Buying-Center-Analyse sinkt die Gefahr, dass wir wichtige Entscheider übersehen. Wir schaffen Klarheit hinsichtlich der Rollen, Interessen und Einflussmöglichkeiten. Dadurch können wir Vertriebsprojekte effektiver vorantreiben. Aber wir können kritische Projekte auch rechtzeitig beenden. Das spart wichtige, wertvolle und meistens rare Ressourcen.

In der Summe bedeutet das:
- Zeitgewinn,
- Einsparung von Ressourcen,

- professionelleres Auftreten,
- Fokussierung auf die besten Chancen,
- leichtere Einbindung von Ressourcen durch bessere Vorbereitung auf die Ansprechpartner.

Die Buying-Center-Analyse ist ein wichtiger Teil des Opportunity-Managements im Solution Selling. Nutzen Sie diese Konzepte, wenn die Vertriebsarbeit effektiver und erfolgreicher werden soll. Die Buying-Center-Analyse soll uns helfen, die Strukturen und die Psychologie der Entscheidungsträger besser zu verstehen. Das ist so bedeutsam, weil jedes »ahnen« besser ist, als diese Einsichten in solche Teams zu ignorieren. Wenn wir strukturiert über das Zusammenspiel nachdenken, werden wir vieles entdecken, das uns hilft, mehr zu erreichen.

3.6 Opportunity-Management

Das Opportunity-Management ist das zentrale Element zur Umsetzung der Vertriebsstrategie Solution Selling. Wenn Verkäufer und Vertriebsleitung diese Methodik nutzen, können sie Verkaufschancen viel besser steuern. Und sie werden viel mehr Chancen zu Aufträgen machen. Opportunity-Management ist vergleichbar mit dem Projektmanagement in der Entwicklung von Software, Maschinen, Anlagen oder anderen Projekten. Opportunity-Management ist für die Steuerung des Vertriebs im B2B-Lösungsvertrieb unverzichtbar. Gerade auch wegen der sehr langen Vertriebszyklen. Aber vor allem:

Opportunity-Management steigert den Umsatz!

Außerdem erhöht diese Methodik den Wert und die Zuverlässigkeit Ihres Verkaufstrichters. Ist diese höhere Sicherheit des Sales Forecasts für Ihr Unternehmen interessant? Würden Sie einen belastbaren Forecast als Nutzen betrachten? Wichtig ist außerdem das Wie: Wie steigert Opportunity-Management den Umsatz, was ist das Konzept?

Opportunity-Management bringt viel mehr Systematik in die Vertriebsarbeit.

3.6.1   Ohne Systematik zu wenig Information, keine Strategie

Wenn Unternehmen ihre Vertriebsmethoden durch Vertriebstraining und aktives Opportunity-Management verankern, bringt das viel mehr Erfolg. Diese Anbieter haben mehr Erfolg, als sie es bisher hatten. Und sie sind effizienter als ihre Wettbewerber.

Welchen Nutzen bringt dieses professionelle Management der Chancen denn konkret? Wie kann ein solches System so wirksam sein? Im Vertriebstraining sprechen wir viel über verlorene und gewonnene Akquiseprojekte. Verkäufer erkennen, dass viele Aufträge wegen der fehlenden Strategie und fehlender Informationen verloren gehen – und damit auch Umsatz.

Keine Systematik bedeutet auch, dass nicht gesteuert wird. Gute Steuerung braucht Orientierung. Und um Orientierung zu erhalten, braucht es Systematik plus Informationen. Außerdem natürlich auch viel Erfahrung im Vertrieb. Erfahrung ist meistens da, aber es fehlt an Methodik. Es erfordert gerade und vor allem System, Methodik und Führung. Ja, Opportunity-Management ist auch ein sehr gutes Instrument zur Führung. Wenn die Verkäufer komplexe Lösungen oder große Vertriebsprojekte im Produktvertrieb verkaufen.

Die Komplexität im Lösungsvertrieb führt oft zu einem wenig nützlichen Vorgehen. Verkäufer reduzieren die Komplexität, indem sie sich nur an eine Person klammern. Dieser Coach soll sie durch alle Schwierigkeiten zum Auftrag führen. Aber solche Projekte sind oft wie ein sehr unübersichtliches Wollknäuel. Außerdem werden Scheuklappen aufgesetzt, damit man die Komplexität und divergierenden Interessen nicht sehen muss.

Wenn ein Verkäufer auf das Klammern an einen Coach verzichten will, dann muss er die Zügel selbst in die Hand nehmen. Und die Augen weit aufmachen. Die Systematik des Opportunity-Managements wird Ihnen helfen, eine Verkaufschance gut und sinnvoll zu strukturieren. Außerdem darf der Verkäufer eine gewisse Unübersichtlichkeit der Interessen zulassen. Er muss es sogar, denn sie ist oft eine Tatsache. So kann der Verkäufer ganz systematisch Lösungsstrategien entwickeln und Kunden gewinnen.

3.6.2 Die wichtigsten Vorteile des Opportunity-Managements

Das systematische Arbeiten auf der Basis einer bestimmten Methodik ist heute im Vertrieb nur selten üblich, bringt jedoch viele Vorteile. Sowohl für den Vertrieb, wie für das Management.

Die Vorteile sind insbesondere:
- beherrschbare Verkaufszyklen (manchmal auch eine Verkürzung),
- Verbesserung der Opportunities durch Qualifizierung,
- Fokussierung auf die besten Chancen,
- geringerer Pre-Sales-Aufwand und damit geringere Vertriebskosten,
- viel mehr Sicherheit und ein genauer Forecast,
- höhere Abschlussquoten,
- belastbarer Sales Forecast,
- > 20% Umsatzsteigerung und höhere Rendite.

Es gibt verschiedene Methoden zur systematischen Qualifizierung von Verkaufschancen. Der alphaSales-Opportunity-Check ist eine davon. Der Opportunity Check enthält definierte Erfolgskriterien für den Lösungsvertrieb. Diese strukturierte Analyse ist so wichtig, weil sie aufzeigt, wo die einzelnen Opportunities im Prozess stehen. Damit ergibt sich auch, welche Aufgaben vom Verkäufer noch zu erfüllen sind. Was ist erledigt? Und was gibt es noch zu tun?

3.6.3 Opportunity-Management – der Leitstand des Solution Selling

Ein Opportunity-Management, das diesen Namen verdient, muss stetig und konsequent durchgeführt werden. Es muss immer gelebt werden. Bei vielen Unternehmen wird einmal im Monat der Status der Verkaufsprojekte besprochen. Den Schwerpunkt bilden oft nicht die Chancen, sondern nur die Wahrscheinlichkeit: der Sales Forecast. Das genügt aber nicht! Das ganze Prozedere ist falsch.

Ich habe als Verkäufer selbst noch erlebt, wie ein großer Teil der Zeit auf den Umsatz des letzten Monats oder Quartals ver(sch)wendet wurde. Aufgeteilt nach Sales Units, Geschäftsstellen und dann ganz Deutschland. Dann ging der Blick nach vorne. Die Umsatzziele des aktuellen Monats und Quartals. Und dann wurde rasch gefragt, welche Chancen denn demnächst abgeschlossen werden. Wenn der »Projectload« reichte, war es gut. Wenn nicht, dann mussten wir uns einen Sermon anhören. Mehr reinhängen, um die Aufträge kämpfen und so weiter. Aber es wurde kaum etwas getan, was einen konkreten Nutzen für die Verkäufer und deren Verkaufschancen hatte.

Nur so nebenbei, im Vertriebsmeeting, die Chancen schnell zu besprechen, reicht nicht aus. Opportunity-Management als System bedeutet, einmal im Monat einen halben Tag lang mit jedem Verkäufer einzeln zu arbeiten. Das könnten Verkäufer auch allein tun. Wenn wir Opportunity-Coaching machen, dann werden einmal im Monat alle Projekte der Verkäufer auf den Prüfstand gestellt. Es geht zunächst darum, festzustellen, wo jedes der Projekte steht. Welche Informationen haben wir schon? Welche fehlen noch? Die Frage muss immer sein: Kennen wir das Projekt des Kunden gut genug? Und dann geht es darum, eine Strategie für die Opportunity zu entwickeln.

Mag sein, dass eine Taktik genügt. Jedenfalls braucht es meistens einen Plan. Ein Standardvorgehen hat Vorteile und bringt Sicherheit. Aber ab einem bestimmten Punkt muss sich ein Vorgehen an den Bedürfnissen der Verkaufschance orientieren. An den Möglichkeiten und den Hürden, an den Protagonisten und der Struktur im Buying Center, an den Persönlichkeiten und der Zeitachse. Und dann geht es darum, was im nächsten Schritt getan werden sollte. Es geht um so wichtige Themen wie:

- Fortschritte oder fehlende Fortschritte,
- Kaufgründe, Pains und Motive,
- spezielle Interessen und Bedürfnisse,
- Budget und Terminpläne,
- die Buying Center und deren Kundentypen,
- den Vertriebsprozess im Abgleich mit dem Entscheidungsprozess des Kunden,
- die Vertriebsstrategie oder Taktik und immer wieder:
- Warum? Warum? Warum?

Vertriebsleiter im Solution Selling sollten dieses Coaching mit ihren Verkäufern monatlich durchführen. Jeden Monat. Immer, auch wenn es gut läuft.

Dann werden Umsatzsteigerungen von 20% oder mehr der verdiente Lohn sein. In der Zukunft. Aber nicht einfach so. Sondern als Lohn der Fokussierung. Ergebnis von Arbeit an den Projekten des Verkäufers. Dieses Coaching sollte ein gemeinsames Nachdenken sein. Um Ideen zum Vorgehen auszutauschen und neue zu generieren.

Jeder Verkäufer kann das Opportunity-Management aber auch nur für sich selbst machen. Es ist auch ein geeignetes Selbstmanagementsystem für Verkäufer im Solution Selling. Es ist flexibel und man kann es Schritt für Schritt aufbauen. Allerdings wissen wir, dass es mit einem Sparringspartner effektiver ist. Dieser könnte auch ein Kollege sein. Oder ein externer Coach.

Opportunity-Management unterstützt das systematische Arbeiten im Vertrieb massiv und generiert damit mehr Aufträge.

3.6.4 Vertriebsressourcen sparen, statt tote Pferde zu reiten

Lassen Sie Ihre Verkäufer keine »toten Pferde« mehr reiten. Setzen Sie stattdessen auf die richtige Vertriebsstrategie mit System. Die strukturierte Qualifizierung von Leads und Opportunities ist elementar, wenn Sie Ressourcen sparen und Kosten senken wollen. Nur mit einer gründlichen Qualifizierung kann man sich auf die Chancen mit den besten Aussichten konzentrieren. Viel zu viele Ressourcen werden ohne guten Grund an Opportunities ohne echte Chance verschwendet. Das Reiten toter Pferde sollten Sie beenden. Das bringt nichts ein.

Meistens sind Ressourcen für Tests, den Bau von Prototypen, Konstruktionen oder sonstige »Proof-of-Concept-Aktivitäten« rar und teuer. Manchmal muss man allein in eine Konzeption für ein Angebot schon zwei bis vier Tage investieren. Trotzdem schaffen es einige Verkäufer, diese knappen Ressourcen für ihre Interessenten zu blockieren. Häufig durch eine nicht begründete positive Bewertung der Chancen. Gleichzeitig wird der Sales Forecast ohne guten Grund aufgeblasen. Und die Chancen für andere Projekte sinken, weil die Ressourcen dort fehlen. So sollte das aber nicht sein. So darf es nicht sein. Weil es den Erfolg im Vertrieb behindert.

Die falsche Allokation ist nur möglich, wenn es, wie es meistens der Fall ist, keine objektiven Kriterien gibt, anhand derer die Chancen objektiv beleuchtet werden. Nur, wenn Unternehmen konsequent nach klaren Kriterien beurteilen, wird sich das ändern. Dann werden die Unternehmen die teuren Ressourcen gezielt bei den besten Verkaufschancen einsetzen können. Das teure, aber zwecklose Füttern und Reiten toter Pferde wird deutlich reduziert. Damit senkt das Opportunity-Management die Kosten. Außerdem erhöhen sich gleichzeitig die Abschlusschancen spürbar. Hört sich das nicht sehr verlockend an, dass bei geringeren Vertriebskosten, mehr Aufträge gewonnen werden? Diese Optimierungsgleichung wird sonst eher kritisch beurteilt. Hier stimmt sie.

Wäre das für Ihr Unternehmen interessant? Oder füttern Sie gerne tote Pferde? Mein Tipp: Sparen Sie das Heu für die Pferde, die den Karren ziehen können, vorwärts, in eine noch erfolgreichere Zukunft.

3.6.5 Belastbarer Sales Forecast durch Opportunity-Management

Fast alle Unternehmen arbeiten mit einer Form des Verkaufstrichters. Je nach Methodik wird der Verkaufstrichter oder Sales Funnel auch als Sales Pipeline gesehen. Die Unterschiede der verschiedenen Konzepte sind hier nicht wichtig, wenn die Inhalte stimmen.

Für die meisten Unternehmen ist das Einhalten der Sales-Forecast-Zahlen sehr wichtig. Der Sales Forecast fliest oft genug in die mittelfristige Liquiditätsplanung ein. Obwohl mit Aufträgen nicht gleich der komplette Umsatz kommt, können die Anzahlungen schon relevante Größen sein. Wenn sich diese Geldflüsse um ein Quartal verschieben oder ganz ausbleiben hat das einen Einfluss. Ein belastbarer Forecast, der nahezu so eintrifft, wie angekündigt, wäre also für die Unternehmensführung sehr wichtig. Erfahrungsgemäß ist das jedoch trotzdem nie der Fall. Mit dem hier vorgeschlagenen Vorgehen zur Bewertung der Chancen, wird die Genauigkeit der Prognosen drastisch verbessert. Und das in sehr kurzer Zeit. Innerhalb von sechs bis zwölf Monaten. Wenn Sie es konsequent umsetzen.

Aber ein systematisches Opportunity-Management verbessert nicht nur den Sales Forecast, sondern auch den Vertriebserfolg. Die Werte des Sales Forecasts werden zunächst sinken. Er muss um die toten Pferde bereinigt werden. Aber später wird ein höherer Anteil zu Umsatz. Das Vertrauen steigt. Opportunity-Management bringt mehr Realität in die Bewertungen. Es werden weniger tote Pferde geritten. Also wird auch weniger Vertriebszeit verschwendet.

Die Beteiligten sollten sachliche und methodisch wichtige Kriterien zur Bewertung der Verkaufschancen festlegen. Verkäufer und Vertriebsleitung dürfen sich nicht mehr von Wunschdenken leiten lassen. Optimismus ist hier fehl am Platz. Sonst wird das Ziel nicht erreicht. Optimismus ist wichtig im Vertrieb. Im Verkaufsgespräch und in Verhandlungen stellt es eine wichtige Kraft dar. Aber nicht beim Sales Forecast. Dort führt Optimismus fast immer zu Fehlern.

Wenn Sie jedoch auf Opportunity-Management mit einheitlicher Methodik und Kriterien setzen, werden Sie Verbesserungen erzielen. Wenn Sie in Zukunft zur Bewertung der Verkaufschancen objektive Kriterien nutzen, wird die Genauigkeit des Sales Forecasts drastisch besser.

Also: Erst einen belastbaren Forecast aufbauen, dann mehr Projekte gewinnen.

3.6.6 Den Vertriebsprozess im Lösungsvertrieb gezielt steuern

Opportunity-Management ist weit mehr als nur den Status der Verkaufschancen im CRM-System zu verwalten. Management bedeutet vor allem, den Erfolg der Zukunft zu steuern. Das hat nichts mit einem bestimmten Softwaresystem zu tun. Vielmehr bedeutet es, die Verkaufschancen regelmäßig und kritisch zu durchleuchten. Was wichtig ist, passiert zwischen den Menschen. Trotzdem kann ein System hilfreich sein, wenn Sie ein Opportunity-Management etablieren wollen. Aber noch mehr geht es um die richtige Systematik. Es geht um eine Systematik von der Akquise bis zum Abschluss. Aus meiner Sicht ergeben die verschiedenen Teilsysteme zusammen ein »Betriebssystem des Vertriebs«. In diesem Buch das Betriebssystem des Solution Selling.

Dabei spielen viele Themen eine Rolle wie z. B.:

- Bedarfsanalyse im Verkauf und die Value Proposition,
- Aufbau von Vertrauen mit Angeboten für ein Proof of Concept,

- Erkennen von Bedarf, Interessen, Motiven und Pains,
- Entdecken von Beziehungs- und Machtstrukturen im Buying Center,
- Persönlichkeits- und Kundentypen,
- Systematik und Techniken in Verhandlungen.

Diese Konzepte braucht es, um den Vertriebsprozess bewusst zu leben und in eine erfolgreiche Zukunft zu steuern. Es geht darum, Vertrieb systematisch zu betreiben und weniger dem Zufall zu überlassen. Sie müssen nicht die Elemente nutzen, die dieses Buch vorstellt. Es gibt auch andere gute Ansätze. Um was es geht, ist, dass Verkäufer solche Elemente als Unterstützung nutzen. Und auf ein Unternehmen bezogen sollten alle mit denselben Methoden arbeiten. Das fördert auch die Kommunikation im Innenverhältnis.

Das Opportunity-Management hat für die einzelnen Verkaufschancen die Aufgabe, Impulsgeber für die verschiedenen Elemente zu sein. Für das Vertriebsteam dient es auch als eine Sprache, mit der Opportunities besprochen werden können.

3.6.7 Systeme des Pipeline- oder Opportunity-Managements

Das Pipeline- oder Opportunity-Management kann durch Softwaresysteme unterstützt werden. Nur wenige CRM-Systeme können heute das Opportunity-Management wirklich abbilden. Auch wenn eine ganze Reihe von CRM-Systemen genau das versprechen. Es fehlt am Konzept, an der Struktur und an den richtigen Feldern.

Wenige spezielle Opportunity-Management-Systeme verbessern die Übersicht über die Vielzahl der Verkaufschancen. Dort können die Details zu jedem Verkaufsprojekt aller Verkäufer verwaltet werden. Hier die wichtigsten Elemente dieser Systeme:

- Übersicht über alle Verkaufsprojekte (Verkaufstrichter),
- Systematik zur strukturierten Qualifizierung der Chancen,
  - die Erfolgskriterien des Lösungsvertriebs,
  - Wahrscheinlichkeiten,
- Buying-Center-Analyse,
- Wettbewerbsanalyse bezogen auf ein Verkaufsprojekt,

- Nutzenargumentation, besser: Value Proposition,
- Strategie für das einzelne Projekt,
- Auswertungen, Pipeline-Verfolgung und Sales Forecast.

Diese Systeme helfen, die Einführung der Strategie »Lösungsvertrieb« praktisch umzusetzen und zu festigen. Natürlich wäre es hilfreich, wenn die CRM- oder CAS-Systeme diese Funktionen abbilden würden. Aber es ist auch durchaus gerechtfertigt, für diese wichtige Aufgabe ein dediziertes System zu betreiben. Neue Verkaufschancen optimal zu steuern ist ein sehr lohnendes Unterfangen.

Ob mit Excel oder mit einer speziellen Software – wir alle kennen da gute Lösungen. Aber es geht auch auf Papier. Die Leser dieses Buches bekommen gerne unseren Opportunity Check als XLS-Datei. Zusammen mit anderen Informationen finden Sie diese auf der Webseite zum Buch.

3.6.8 Mitarbeiterführung im Vertriebsaußendienst

Führung von Mitarbeitern im Vertrieb ist immer eine Herausforderung, aber ganz besonders, wenn es um den Außendienst im Lösungsvertrieb geht. Aktives Opportunity-Management zur Vertriebssteuerung durch intensive Fallbesprechungen ist ein wichtiger Faktor für den Erfolg. Ein sehr wichtiger Faktor. Wenn Vertriebsleiter diese nutzen, können sie gezielt Einfluss auf das Vertriebsverhalten der Verkäufer nehmen. Vertriebsleiter sollten diesen Ansatz deshalb wirklich sehr regelmäßig nutzen. Sie erfahren dabei Wertvolles über die »Pipeline« und jedes einzelne Vertriebsprojekt darin. Außerdem erfahren die Vertriebsleiter sehr viel über die Arbeitsweise und die Qualität Ihrer Mitarbeiter im Vertrieb.

Vertriebsorganisationen mit standardisierten Vertriebsprozessen und Vertriebsmethoden erhöhen ihre Produktivität um bis zu 40 Prozent im Vergleich zu ihren Wettbewerbern. Vorausgesetzt ist eine professionelle Implementierung und Steuerung der Verkaufsmethoden durch das Vertriebsmanagement.
Gartner Group

Damit gilt die Formel:

Vertriebsmethoden

+ Vertriebstraining

+ Opportunity-Management

= mehr Verkaufserfolg im Solution Selling!

Das Opportunity-Management macht eine bessere Führung der Verkäufer möglich. Es ist nicht nur eine Methode der Vertriebssteuerung, es ist auch eine Führungsaufgabe und das Instrument dazu. Mit gelebtem Opportunity-Coaching lernen Vertriebsleiter ihr Vertriebsteam noch viel besser kennen. Und sie können ihre Verkäufer in der Folge gezielter steuern und besser unterstützen. Verkäufer werden dann genau so unterstützt, wie sie es benötigen.

Lesen Sie mehr zum Opportunity-Management als Führungssystem in Kapitel 6.3.

3.7 Verhandlungstechniken nach dem Harvard-Konzept

An der Harvard University in den USA wurde in den 70er-Jahren an den Gründen für das Scheitern und den Erfolg von Verhandlungen gearbeitet. Aus den Erkenntnissen wurde ein einfaches und doch sehr wirksames Verhandlungskonzept entwickelt: das Harvard-Konzept. Das Buch dazu ist in 18 Sprachen erschienen und wurde über 2 Mio. Mal verkauft. Es ist wissenschaftlich fundiert und validiert und bildet die anerkannte Grundlage erfolgreicher Verhandlungen in den verschiedensten Gebieten von Auseinandersetzungen zwischen Menschen und Gruppen. In der Politik, bei Verhandlungen zu hochwertigen Investitionsgütern und Dienstleistungen, sowie bei anderen wichtigen gesellschaftlichen Auseinandersetzungen spielt das Harvard-Konzept zunehmend eine wichtige Rolle. Aber sowohl die Problembeschreibung wie die Lösungsansätze helfen genauso bei weniger komplexen Verhandlungen.

All diese Punkte hätten mich noch nicht dazu gebracht, so begeistert darüber zu schreiben, aber ich habe das Harvard-Konzept in sehr vielen Vertriebsseminaren als Konzept vorgestellt und trainiert. Und die Rückmeldungen waren sehr gut. Es ist praxistauglich für den Alltag von Verkäufern. Vor allem im Solution Selling von komplexen Lösungen. Für die heutigen Preiskämpfe mit dem Einkauf, wenn es um C-Teile geht, ist es nicht entwickelt worden. Da habe ich noch weitere Pfeile im Köcher. Aber für den Lösungsvertrieb ist das Harvard-Konzept bestens geeignet.

Mit tricksen, tarnen und täuschen hat das Harvard Verhandlungskonzept nichts zu tun. Es geht vielmehr um ein Vorgehen für ernsthafte, seriöse und sachgerechte Verhandlungen, nach denen man sich auch wieder in die Augen sehen kann. Aber auch für Verhandlungen, die man gewinnt.

3.7.1 Die wichtigsten Hürden und Grundsätze in Verhandlungen

Die Autoren haben sich nicht einfach was ausgedacht. Sie haben zunächst die wichtigsten Hürden ermittelt, die typischerweise verhindern, dass es zu guten Lösungen kommt. Außerdem ging man davon aus, dass Menschen, die verhandeln ganz ernsthaft nach einer Einigung streben.

Die wichtigsten Hürden, die es bei Verhandlungen zu überwinden gilt, sind:
- menschliche Probleme dominieren im Verlauf immer mehr,
- gegensätzliche Positionen stehen im Vordergrund,
- Fixierung auf die Durchsetzung des eigenen Lösungsvorschlags,
- Feilschen um Positionen als Sport – einer muss verlieren,
- wer nett ist, verliert in der Verhandlung, wer hart ist, verliert in der Beziehung; ein psychologisches Problem kognitiver Dissonanz.

Sie können leicht erkennen, dass diese Hürden nicht speziell solche von politischen Verhandlungen sind, sondern universell auftreten. Wir alle kennen Menschen, die einfach gerne feilschen, und Menschen, die immer gewinnen wollen. Natürlich ist unser Lösungsvorschlag der beste. Warum auch nicht? Warum nur, versteht der andere das nicht?

Ich verzichte darauf, diese Hürden im Detail zu beschreiben, wenn Sie mehr darüber wissen möchten, lege ich Ihnen das Buch als sehr lesbare Lektüre ans Herz. Unterhaltsam und bildend.

Viel wichtiger sind die vier Grundaspekte des Konzepts, die die Basis der Verhandlungstechnik nach dem Harvard-Konzept sind.

Diese Grundaspekte sind:

- menschliche und sachliche Probleme getrennt behandeln,
- Interessen, nicht Positionen in den Mittelpunkt stellen,
- Lösungsvarianten und damit Wahlmöglichkeiten entwickeln,
- das Ergebnis auf objektiven Entscheidungsprinzipien (Kriterien) aufbauen.

Vier einfache oder einfach klingende Grundsätze für Verhandlungen. Schwieriger ist es, sie auch zu leben – ganz besonders, in schwierigen Verhandlungen. Aber, wer sich diese Grundsätze zu eigen macht, wird in Zukunft weniger schwierige Verhandlungen führen müssen.

3.7.2 Menschliche und sachliche Probleme getrennt behandeln

Hier geht es darum, die menschlichen und die sachlichen Probleme zu trennen. Jedoch nicht so, dass die menschlichen Probleme keine Rolle mehr spielen sollen und deshalb verdrängt werden. Dies wird nicht als erfolgreiche Strategie gesehen, da die Beziehungsebene immer in die Sachebene hineinwirkt. Ja, diese sogar dominiert. Vielmehr geht es darum, dass die Beziehungsebene bei Bedarf bereinigt und erst danach sachlich weiterverhandelt wird.

Harvard empfiehlt, in der Verhandlung die Verantwortung für die Gesamtsituation zu übernehmen und den oder die Gesprächspartner bei Anzeichen für menschliche Probleme anzusprechen. Dies ist in unserer Gesellschaft unüblich und kann als unerlaubter Übergriff gewertet werden. Trotzdem ist es wichtig, entsprechende Probleme zu bereinigen. Verhandlungen im Umfeld schwelender und ungeklärter Spannungen werden kaum erfolgreich abgeschlossen werden können. Es ist für mich immer wieder spannend, wenn mir sehr erfahrene und erfolgreiche Verkäufer bestätigen, dass manchmal eine offene Aussprache über persönliche Punkte notwendig und möglich ist. Weniger erfolgreiche Verkäufer vertreten viel häufiger die These, dass ein solches Gespräch nur zu Streit führen würde.

Es geht insgesamt primär darum, den Verhandlungspartner zunächst als Mensch zu begreifen und nicht nur als Vertreter der anderen Verhandlungsseite oder gar der »gegnerischen Partei«. Weiterhin ist es wichtig, dass man sich in die Situation und die Vorstellungswelt der Gegenseite hineinversetzt. »Vorstellungen bestimmen unser Handeln«, ist der zu beachtende Leitsatz. Hierbei sollen die Vorstellungen des anderen ergründet, verstanden und seine Andersartigkeit akzeptiert werden. Aber genauso soll der Verhandelnde auch seine eigenen Vorstellungen und Erwartungen verständlich und offen darlegen. Genauso offen sollen dann auch Emotionen wie Ängste angesprochen werden.

Ideen wie Konstruktivismus und »aktives Zuhören« bieten sich als Modelle an, die Harvard-Aspekte zu verstehen und sich einer Umsetzung zu nähern. Mehr zu diesen Punkten in Kapitel 4.1.

3.7.3 Interessen, nicht Positionen in den Mittelpunkt stellen

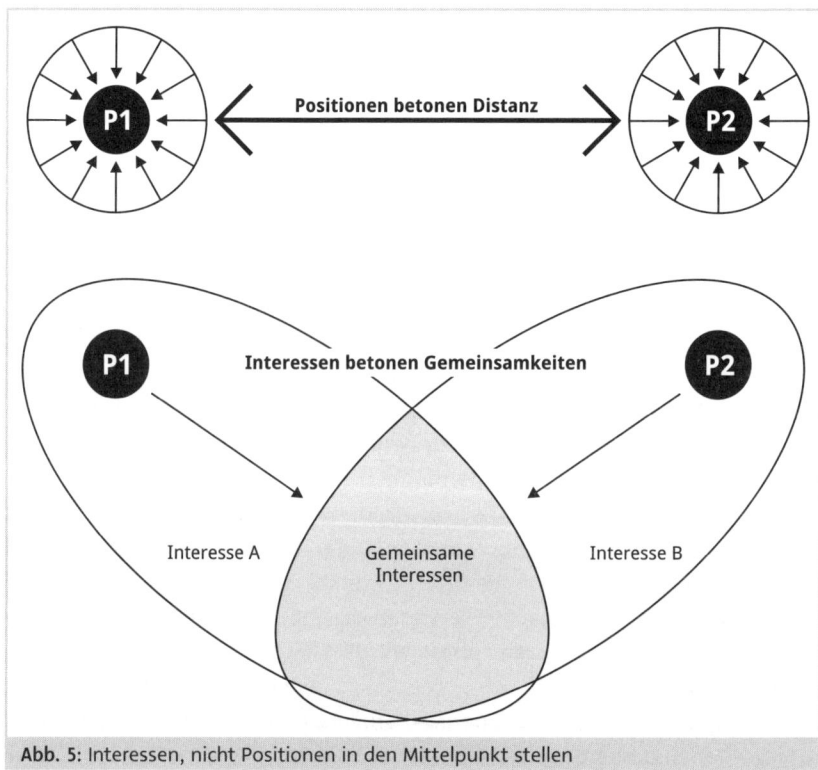

Abb. 5: Interessen, nicht Positionen in den Mittelpunkt stellen

In Verhandlungen geht es häufig sehr lange um ein oder zwei Punkte, bei denen die Verhandlungspartner sich nicht einig werden. Tritt die Verhandlung aufgrund dieser Punkte auf der Stelle, führt das oft zu Problemen auf der Beziehungsebene und eskaliert weiter. Manchmal ist ein unter Zeitdruck entstandener »fauler Kompromiss« dann ein spätes Ergebnis, das in der Folge kaum Freude bereiten wird.

Die Harvard-Wissenschaftler rufen dazu auf, sich nicht auf die Auseinandersetzung zwischen den Positionen zu konzentrieren, sondern die dahinterstehenden Interessen in den Vordergrund zu rücken. Häufig finden sich dann auch gemeinsame oder sich ergänzende (komplementäre) Interessen. Wenn deren Bedeutung groß genug ist, dann lassen sich auch unterschiedliche Positionen überwinden.

Das Konzept sieht vor, dass man sich auch um die Interessen der Gegenseite kümmert. Der Verkäufer soll diese ermitteln und versuchen, deren Logik und Bedeutung zu verstehen. Es wird davon ausgegangen, dass erst dann eine gute Lösung und nicht nur ein »fauler Kompromiss« gefunden werden kann, wenn beide Seiten die Interessen des anderen verstehen und akzeptieren. Verkäufer haben als Profis die Aufgabe, diese Interessen beider Seiten im Gespräch zu halten. Außerdem hilft es meistens auch dem Anbieter.

Im Buch »Das Harvard-Konzept« wird als Beispiel der frühere Konflikt zwischen Ägypten und Israel um die Halbinsel Sinai angeführt. Israel wollte den Sinai nicht freigeben, weil er als waffenfreie Zone dienen sollte. Gleichzeitig wollte Ägypten nicht auf den Sinai verzichten, weil ein Friedensvertrag mit Israel ohne den Sinai dem Volk nicht vermittelbar war. Die Position für beide Parteien war: »Wir wollen den Sinai.«. Erst nach langen und sehr zähen Verhandlungen fand sich eine Lösung. Bekanntermaßen ist der Sinai heute nach wie vor eine entmilitarisierte Zone, und zwar unter Aufsicht der UN und als Teil Ägyptens. Israel konnte seine Position aufgeben, weil sein Hauptinteresse, den Sinai als waffenfreien Puffer zu haben, erreicht wurde. Das klingt heute sehr einfach, war aber ein enormer Kraftakt.

Häufig werden die gemeinsamen Interessen als etwas »Normales« angenommen und deshalb nicht mehr artikuliert und schon gar nicht in den Mittelpunkt gerückt. Damit die Interessen beachtet werden, müssen sie jedoch auch artikuliert werden, sonst gehen sie im »Kampfgetümmel« unter. Das haben wir sowohl in Rollenspielen als auch in richtigen Verhandlungen oft genug erlebt.

Im Geschäftsleben erscheint mir gerade dieser Punkt viel zu wenig beachtet zu werden. Insbesondere der Preis steht im Mittelpunkt vieler Stunden unangenehmen Verhandelns. Und das, obwohl man schon seit Jahren vertrauensvoll zusammenarbeitet. Trotzdem wird mühsam nachgewiesen, dass der Preis gerechtfertigt oder eben viel zu hoch ist, anstatt die hinter einem Vertragsschluss stehenden komplexen Interessen zu betrachten. Als Verkäufer wissen wir, dass gerade die »modernen« Einkäufer daran schuld sind, dass der Preis immer wieder zum springenden Punkt wird. Und das stimmt auch. Teils aber nur, weil zu viele Verkäufer das Spiel mitmachen und nicht genügend dagegen angehen. Aber in Seminaren mit Vertriebsleitern sage ich immer, dass die Vertriebsleiter das Thema »Preis und Rabatte« zu verantworten haben. Sie definieren die Strategien und die Limits.

Wie in meinen Seminaren rufe ich alle Leser dazu auf, auf diesen Harvard-Aspekt ihr besonderes Augenmerk zu richten. Machen Sie sich Gedanken über die Interessen Ihrer Gesprächspartner und stellen Sie auch Ihre Interessen in den Mittelpunkt von Gesprächen. Führen Sie das Gespräch auch immer wieder bewusst auf diese gemeinsamen Themen. Sagen Sie Ihrem Verhandlungspartner, dass Sie ihn in seiner Interessenlage verstehen. Und zeige Sie ihm, dass Sie Lösungen suchen, die seine Interessen realisieren. Möglicherweise ist er dann auch bereit, Ihre berechtigten Interessen zu akzeptieren. Und sehr oft wird klar, dass dann auch Zugeständnisse beim Preis möglich sind und der niedrigere Preis der anderen weniger »preiswert« ist.

3.7.4 Lösungsvarianten und damit Wahlmöglichkeiten entwickeln

Das Beharren auf dem eigenen Lösungsansatz als dem einzig sinnvollen, ist regelmäßig ein weiteres Problem, denn keiner der Kontrahenten will dann aufgeben. Wir Verkäufer sind da genauso engagiert, unsere Ideen zu vertreten, wie die dominanten Einkäufer. In den Fachabteilungen kommt dieses »rechthaberische« Verhalten in der Regel aber nicht gut an. Und in allen

Verhandlungen ist es nicht professionell. Es ist ein Verhalten, das nur den eigenen Emotionen gehorcht.

Das Verhandlungskonzept ruft dazu auf, möglichst viele Lösungsvarianten zu entwickeln. Ähnlich wie beim Brainstorming soll auch hier erst einmal keine Wertung vorgenommen, also nicht nach einer »besten Lösung« gesucht werden. Vielmehr geht es darum, die Vielfalt darzustellen und möglicherweise auf diesem Weg zu einem »dritten Weg« zu gelangen. Dies ist insbesondere dann vielversprechend, wenn sich beide Seiten darum bemühen, nach Vorteilen für beide Partner zu suchen. Dann können sich aus widersprüchlichen Positionen manchmal doch noch Win-Win-Situationen entwickeln.

Auch dieser Punkt hat im alltäglichen Wirtschaftsleben eine hohe Relevanz. Allzu häufig werden ungenügende Lösungskonzepte über den Preis kosmetisch behandelt. Mit der geeigneten Lösung wäre so mancher Preisnachlass erspart geblieben, insbesondere deshalb, weil der Nutzen für den Käufer höher ausgefallen oder ihm überhaupt erst deutlich geworden wäre.

Allerdings erlebe ich immer wieder, dass Verkäufer sehr kreativ sind, wenn es um alternative Lösungen geht. Leider viel zu oft erst, wenn der Kunde das erste Mal »Nein« gesagt hat. Alternativen sind immer dann ein Thema, wenn eine Lösung noch nicht ganz befriedigend ist.

3.7.5 Das Ergebnis an objektiven Entscheidungsprinzipien messen

Mit diesem Punkt wird dazu aufgerufen, zunächst die Kriterien einer »guten Lösung« zu vereinbaren und erst dann die Lösung selbst zu suchen. Wenn gemeinsam objektive Kriterien angelegt werden können, lassen sich Positionen leichter aufgeben, weil dieser Schritte den anderen gegenüber leichter ohne Gesichtsverlust begründet werden kann.

Für politische und sonst sehr komplexe Verhandlungssituationen ist dieser Punkt sicher von größerer Bedeutung als für den täglichen Geschäftsbetrieb. Trotzdem bieten sich immer wieder Chancen, diesen Gedanken ganz praktisch umzusetzen. Wenn Geschäftspartner »gute« Lösungen oder »faire«

Preise einfordern, dann bietet es sich an, dass Sie sich erklären lassen, was genau damit gemeint ist. Möglicherweise entwickelt sich dabei ein einfacher, aber hilfreicher Kriterienkatalog, der dabei hilft, eine Lösung zu finden.

3.7.6 BATNA – Best Alternative to a Negotiated Agreement

BATNA ist neben den Grundaspekten des Harvard-Konzepts ein ganz wichtiges Konzept. Es stärkt die eigene Verhandlungshaltung, wenn man stets weiß, was besser wäre als das verhandelte Ergebnis. Wir müssen nicht jeden Auftrag gewinnen. Wenn die Konditionen nicht angemessen sind, ist es besser, keinen Vertrag zu schließen. Es lässt sich nachweisen, dass die ganze Preiskampfstrategie der letzten Jahre, sehr viel Geld kostet.

Das Harvard-Konzept erhebt keinen Anspruch darauf, dass nun alle Verhandlungen schnell, einfach und erfolgreich abgeschlossen werden. Es kann jedoch sehr viele Verhandlungen erfolgreicher machen. Und dies auch dann, wenn nur eine Seite nach den Regeln des Harvard-Konzepts verhandelt. Die Autoren haben sich auch Gedanken dazu gemacht, was sich empfiehlt, wenn die Gegenseite nicht mitmacht, sondern blockiert. Kurz gesagt, geht es dann darum, das Konzept besonders konsequent anzuwenden. Wird sogar unfair gespielt, sollte man zeigen, dass man das merkt und bestraft. Aber ich möchte hier nicht alles beschreiben, was Sie im Original selbst nachlesen können.

Mehr zum Thema »Verhandeln« finden Sie in Kapitel 5. Was hier beschrieben wurde, sind die Basics für den Alltag im Vertrieb.

3.8 Strukturierter Vertriebsprozess verbessert Chancen

Das Vorgehensmodell im Vertrieb ist ebenso ein Teil des Werkzeugkastens des Verkäufers wie die Bedarfsanalyse, die Präsentation oder die Verhandlungstechnik. Jeder Verkäufer hat ein Vorgehensmodell. Nur nutzt er es leider meistens nicht bewusst. Manche behaupten gar, sie hätten gar keins. Aber das ist bloß eine Behauptung. Alle haben eins. Nur eben nicht bewusst und deshalb nicht optimiert. Und das ist ganz entscheidend. Verkäufer handeln immer wieder gleich oder zumindest sehr ähnlich, aber nicht bewusst und nicht optimiert.

3.8.1 Definierte Vertriebsprozesse erhöhen den Umsatz

80 % der Unternehmen machen nach der Einführung von einheitlichen Vertriebsprozessen nachweisbar mehr Umsatz. Wenn Ihr Unternehmen im Lösungsvertrieb mit langen Verkaufszyklen verkauft, könnten Vertriebsprozesse deshalb besonders wirksam werden. Es könnte passieren, dass Sie mehr Umsatz machen, weil Sie mehr Aufträge gewinnen. Das muss man nicht unbedingt verhindern.

3.8.2 Marktgerechte Geschäftsprozesse im Vertrieb

Geschäftsprozesse im Vertrieb unterstützen die Verkäufer. Gute Vertriebsprozesse

- machen die Vorgehensmodelle von Verkäufern vergleichbar und optimierbar,
- erhöhen die Qualität von Auftragseingangsprognosen – den Sales Forecasts,
- verbessern die Planung, den Einsatz und deshalb das Zusammenspiel von Ressourcen im Vertrieb,
- ermöglichen die Konzentration knapper Ressourcen auf wichtige Kunden oder Verkaufschancen.

Vertriebsprozesse im Sinne klassischer Geschäftsprozesse beginnen in der Regel, wenn der Kundenauftrag in ein ERP-System eingegeben wird. Die Schritte davor werden häufig als künstlerische Freiheit der Verkäufer betrachtet. In Unternehmen, in denen das so ist, werden die Prozesse weder gezielt gesteuert noch optimiert. Bei der Mehrheit der Unternehmen, für die ich Seminare mache, wird der Vertrieb nicht als Prozess betrachtet. Es ist einfach nur Verkaufen. Es wird nicht in Phasen oder Schritten gedacht. Eine Frage wie »Wo stehen wir?« ist deshalb auch nicht zu beantworten. Hier gibt es erhebliches Optimierungspotenzial. Da lässt sich viel Geld sparen und mehr Umsatz machen.

3.8.3 Können Vertriebsprozesse vereinheitlicht werden?

Vertriebsprozesse können nicht definiert werden,
sie ändern sich mit jedem Kunden!

Das höre ich sehr regelmäßig, wenn ich mit Verkäufern über Vertriebsprozesse spreche. Aber wenn ich nachbohre, dann stelle ich fest: Die Verkäufer gehen immer wieder gleich oder sehr ähnlich vor. Die Vorgehensmodelle variieren eher von Verkäufer zu Verkäufer. Also gerade nicht von Kunde zu Kunde. Leider sind diese Prozesse, selbst im B2B-Vertrieb, nicht definiert. Damit können sie nicht nach »Best Practice« optimiert werden. Das ist schlecht und unprofessionell.

Sollen nun alle Verkäufer nach genau demselben Schema vorgehen? Ja, wenn das Schema das Beste ist, das Ihnen einfällt. Aber jeder Verkäufer kann es so variieren, dass zu ihm passt, wenn er das will. Wichtig ist jedoch das gemeinsame Verständnis für das Vorgehensmodell und das Zusammenspiel. Es muss ja darum gehen, die Ressourcen zukünftig effizienter und bessern zu nutzen und gleichzeitig die Prognosesicherheit zu erhöhen.

Geschäftsprozesse im Vertrieb ermöglichen die gezielte Optimierung erfolgreicher Vorgehensweisen für mehr Vertriebserfolg. Darum geht es doch sicher auch für Sie.

3.8.4 Ohne Vertriebsprozess keine Vertriebssteuerung

Gleichzeitig erlaubt ein Vertriebsprozess auch die Frage, ob der nächste Schritt wirklich angemessen ist. Ein Kriterium könnte sein, ob das Vorgehen synchron mit dem Prozess des Kunden ist. Oder ob wir zu schnell sind, und damit den Kunden bedrängen – oder zu langsam und den Abschluss verschlafen. Der Kunde hat immer ein schlechtes Gefühl, wenn wir asynchron zu seinem Beschaffungsprozess sind.

Einige der Prozessschritte bedeuten auch, dass der Anbieter investieren muss. Proof of Concept, Prototypen, Tests, wie immer Sie sie in Ihrer Branche auch bezeichnen, werden nicht immer vom Kunden bezahlt. Wenn diese Schritte zu früh im Vertriebsprozess gemacht werden, kann ihre Wirkung verpuffen oder sich sogar gegen den Anbieter wenden. Deshalb sind Vertriebsprozesse ein so wichtiges Element im komplexen B2B-Vertrieb bzw. im Lösungsvertrieb. Wenn Sie Opportunity-Management oder eine andere Form der Vertriebssteuerung ohne einen definierten Vertriebsprozess versuchen, wird es nicht funktionieren.

3.8.5   Implementierte und verankerte Vertriebsmethoden und Vertriebsprozesse ermöglichen 40% mehr Vertriebseffektivität

> *Vertriebsorganisationen mit standardisierten Vertriebsprozessen und Vertriebsmethoden erhöhen ihre Produktivität um bis zu 40 Prozent im Vergleich zu ihren Wettbewerbern. Vorausgesetzt ist eine professionelle Implementierung und Steuerung der Verkaufsmethoden durch das Vertriebsmanagement.*
>
> Gartner Group

Mit diesem Kapitel zu Vertriebsprozessen möchte ich Sie dazu anregen, Ihre Prozesse und Ihr Vorgehen zu hinterfragen. Auch, wenn Sie schon ziemlich gut sind, könnte sich hier richtig viel Potenzial für Verbesserungen auftun. Mehr zu diesem Thema finden Sie in Kapitel 6.

4 Kommunikation und Psychologie

Es gibt Kollegen und Vertriebsstrategen, die behaupten, Verkaufen sei vor allem Kommunikation und Psychologie. Wenn Sie bis hierher gelesen haben, dann wissen Sie schon, dass Vertrieb zumindest für mich ganz viel mit systematischem und strategischem Vorgehen zu tun hat. Tatsächlich glaube ich daran, dass Vertriebserfolg ganz stark von strukturiertem Vorgehen abhängt. Aber obwohl ich nicht glaube, dass es beim Verkaufen primär um Kommunikation und Psychologie geht, möchte ich nicht den Eindruck erwecken, als ginge es ausschließlich um Systematik und Methodik. Beides (Systematik und Kommunikation) ist immens wichtig. Im Repertoire des Verkäufers darf keines davon fehlen. Und noch etwas Drittes ist wichtig: konsequent handeln und nicht nur über die Theorien reden.

Deshalb möchte ich im Folgenden auf wichtige Punkte der Kommunikation und der Psychologie eingehen. Auch Kapitel 5 enthält viel zum Thema »Verkaufspsychologie«. Ganz besonders zum Thema »Psychologie des Überzeugens«.

4.1 Praktisches für eine bessere Kommunikation

4.1.1 Kommunikationswirkung und Kommunikationsebenen

Kommunikationswirkung und Kommunikationsebenen sind zwei Konzepte, die zwingend zusammengehören. Trotzdem möchte ich sie zunächst getrennt erläutern.

Kommunikationswirkung
Wie erreichen wir, dass das, was wir anderen mitteilen wollen, auch von den anderen aufgenommen wird und bei ihnen »hängen bleibt«? Darum geht es bei der Kommunikationswirkung. Es geht also nicht um die Frage, ob das, was wir sagen, positiv oder negativ wirkt. Es geht nur um die Frage, ob etwas haften bleibt, und natürlich um die Frage: Was können wir dazu beitragen? Also: Wie erreichen wir Kommunikationswirkung?

Es gibt verschiedene Untersuchungen dazu und die Ergebnisse schwanken etwas, aber die Größenordnungen ähneln sich.

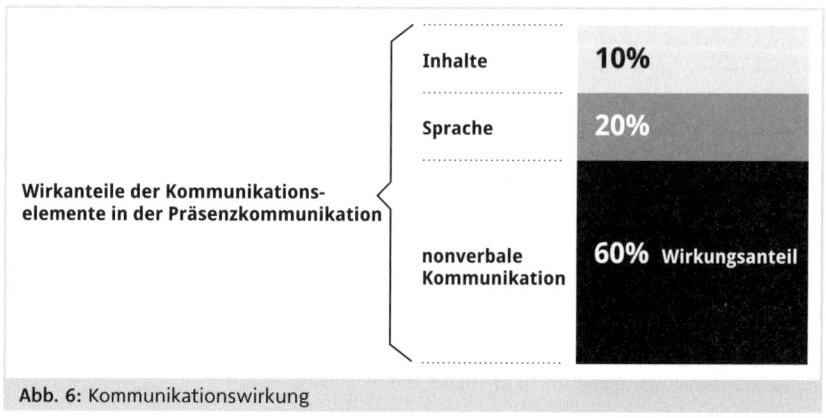

Abb. 6: Kommunikationswirkung

Nonverbale Kommunikation, also Mimik, Gestik, Körperhaltung, Kleidung und Ähnliches, ist von überragender Bedeutung. Erst dann folgt die »Sprache« und der für uns immer so wichtige »Inhalt« der Kommunikation. Nimmt man diese Erkenntnisse ernst, muss die Vorbereitung auf »Kommunikation« anders aussehen, als das bislang oft der Fall ist. Es macht vor diesem Hintergrund keinen Sinn mehr, sich stundenlang damit zu beschäftigen, möglichst viel über ein Thema zu wissen, um sich erst dann noch ein paar Gedanken über die sprachliche Formulierung zu machen. Vielmehr sollten vor dem Hintergrund dieser Erkenntnisse erst die nonverbalen Elemente des Informationstransfers vorbereitet werden.

Lächeln ist das stärkste einzelne Element nonverbaler Kommunikation. Dieses Wissen sinnvoll einzusetzen würde bedeuten, sich Gründe für ein Lächeln vorzubereiten. Sich mental vorzubereiten und sich in eine fröhliche und positive Stimmung zu versetzen, in der man natürlich lächelt. Es geht nicht darum »Schenkelklopferwitze« zu erzählen. Es geht um eine optimistische und souveräne Haltung, die sich dann in der Körpersprache ausdrücken kann. Ein altes chinesisches Sprichwort sagt: »Wer nicht lächeln kann, sollte kein Geschäft eröffnen«. Viel wird also über das Thema »Einstellung« seinen Weg finden oder eben nicht. Klar ist, dass es nicht ausreicht, genügend Know-how zu haben. Etwas mehr oder weniger Wissen entscheidet nicht über einen Auftrag. Trotzdem ist es nicht egal, ob Verkäufer Know-how haben oder nicht. Diese Studien zeigen nur, dass man ein Mindestmaß an Wissen haben muss, damit man anerkannt wird. Aber wer gewinnen will, wird das nicht durch ein bisschen mehr Wissen erreichen.

Kommunikationsebenen

Das Thema »Kommunikationsebenen« beleuchtet die Bedeutung und Wechselwirkung von Beziehungs- und Sachebene. Die Beziehungsebene bildet die Grundlage für eine funktionierende Sachebene. Ohne ein Mindestmaß an Respekt und Vertrauen ist auch eine sehr »sachliche« Kommunikation sinnlos. Die Entscheidungen fallen auf der Beziehungs- oder Bauchebene. Später werden diese Entscheidungen für die Sachebene rationalisiert. Das macht unser Hirn ganz allein.

Abbildung 7 zeigt den Zusammenhang zwischen den Kommunikationsebenen und der Kommunikationswirkung. Die nonverbale Kommunikation wirkt vollständig auf der Beziehungsebene und dies zumeist völlig unbewusst. Das unterstreicht nachdrücklich die Bedeutung aller »stimmungsverbessernden« Maßnahmen in schwierigen Verhandlungen. Der Harvard-Aspekt, »gemeinsame Interessen« in den Vordergrund zu rücken, ist eine solche »stimmungsverbessernde« Maßnahme.

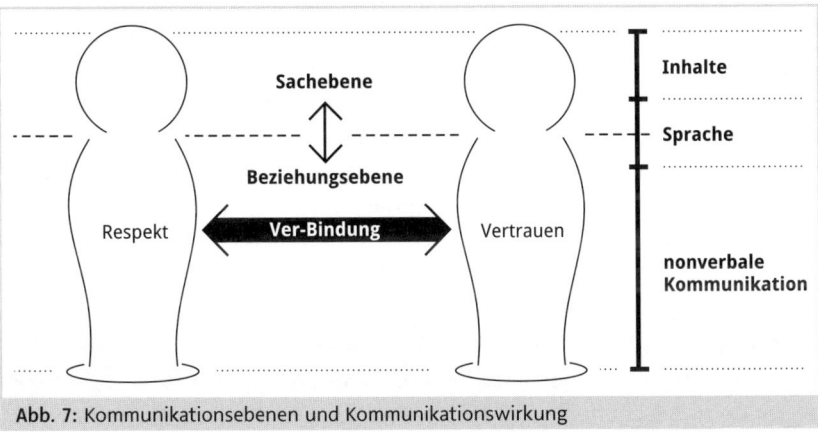

Abb. 7: Kommunikationsebenen und Kommunikationswirkung

Auch Mimik und Gestik sollten als zentrale Elemente der nonverbalen Kommunikation aktiv und gezielt eingesetzt werden. Drücken Sie mit diesen

Elementen der Kommunikation Ihre Zuversicht, Ihr Selbstbewusstsein, Ihre Freude an der Zusammenarbeit oder andere Botschaften aus, die Ihnen in einem Verkaufsgespräch oder einer Verhandlung wichtig sind.

4.1.2 Das philosophische Gedankengebäude Konstruktivismus

Das Thema »Konstruktivismus« ist im Zusammenhang mit Solution Selling ganz enorm wichtig. Peter Senge spricht von mentalen Modellen. Allgemein sprechen wir von den Vorstellungen der Menschen. Wenn es um komplexe Lösungen geht, hat jeder Kunde eine andere Vorstellung von seiner idealen Lösung. Sogar jeder Entscheider beim Kunden und jeder im Buying Center hat etwas unterschiedliche Vorstellungen von der Lösung. Und wir als Anbieter? Ja klar, wir haben aufgrund unserer Erfahrungen auch eine eigene Vorstellung davon, wie eine gute Lösung auszusehen hat. Mit diesen ganz unterschiedlichen Vorstellungen gehen wir in Verkaufsgespräche. Und immer glauben wir, dass wir alle von demselben sprechen. Denn, was eine gute Lösung wäre, ist ja jedem von uns klar. Aber ist das wirklich so? Und: Denken wir wirklich an dasselbe?

Nein, nein und nochmals nein. Gar nichts ist klar. Der Konstruktivismus lehrt uns, dass wir immer davon ausgehen müssen, dass die anderen eine ganz andere Vorstellung haben. Und das ist ganz normal. Der Konstruktivismus geht davon aus, dass wir unsere Welt selbst »konstruieren«. Dass wir die Dinge, die wir nur zu erleben glauben, selbst erzeugen. Das bedeutet, dass jeder seine eigene Wirklichkeit und seine eigene Wahrheit schafft. Die Wirklichkeit »passiert« uns nicht, wir schaffen sie.

Die Grundlagen hierfür sind vor allem, die Projektion und die Filterung der Wahrnehmung. Die Filter eines jeden werden durch seine Erfahrungen, Erwartungen und Ängste bestimmt. Diese Filter bestimmen, was wir wahrnehmen und was wir übersehen. Wer ein neues Auto gekauft hat oder dabei ist, eines zu beschaffen, wird feststellen, dass man genau dieses Fahrzeug »plötzlich« überall sieht. Das, was wir kennen, erkennen wir auch leichter.

Projektion bedeutet, dass wir unsere (gefilterten) Wahrheiten auf andere übertragen. Wir glauben, dass andere diese Dinge genauso sehen, dass an-

dere Menschen, den Dingen denselben Wert und dieselbe Bedeutung bei-
messen, wie wir das tun. Hieraus ergibt sich immer wieder ein tiefes Un-
verständnis für andere Sichtweisen und Empfindungen. »Oh, das hat Ihnen
sicher sehr wehgetan.« »Nein. Warum sollte es das?«

Wenn es stimmt, dass wir unsere Welt selbst konstruieren, dann bedeutet
dies zunächst und zuallererst, dass wir selbst für unsere Wirklichkeit verantwortlich sind. Wir tragen aber auch die Verantwortung dafür, wie wir
diese Wirklichkeit anderen vermitteln. Insbesondere, weil wir nun ja wissen,
dass andere in einer anderen Wirklichkeit leben. Eine geschätzte Kollegin
spricht hier gerne vom »Heimatfilm«, in dem wir alle leben. Wenn ich also
»meine Wirklichkeit« vermitteln will, dann sollte ich mir auch ein Bild von
der Wirklichkeit meines Gegenübers machen. Zumindest sollten wir es versuchen und die Kommunikation nicht auf der Annahme aufbauen, dass der
andere alles genauso sieht, wie wir das tun.

Die zentrale Botschaft ist: Jeder lebt in seiner eigenen Welt, und wir können
nicht davon ausgehen, dass wir Sichtweisen teilen. Wenn wir uns dies jedoch
bewusst machen und versuchen, die Wirklichkeit des anderen zu begreifen,
oder wenn wir zumindest akzeptieren, dass es eine andere Wirklichkeit als
die eigene gibt, dann haben wir eine Chance auf gegenseitiges Verstehen.

Weniger »abgefahren« und philosophisch beschreibt Peter Senge dieses
Phänomen als »mentale Modelle« und deren Herausforderungen. In seinem
Buch »Die fünfte Dimension« beschreibt er die Probleme, die entstehen,
wenn ganze Organisationen aufeinandertreffen, deren Mitglieder unterschiedliche Denkmodelle im Kopf haben. Das Projekt Daimler-Chrysler ist ein
gutes Beispiel dafür, was passiert, wenn die unterschiedlichen Denkweisen
nicht synchronisiert werden.

Im Vertrieb stehen Verkäufer ständig vor der Aufgabe, andere Organisatio-
nen verstehen und sich in ihnen zurechtfinden zu müssen. Wenn einfache
Produkte verkauft werden, ist der Einfluss der Verkäufer auf das kaufende
Unternehmen gering. Wenn es aber um komplexe Lösungen wie hochwertige
Maschinen, Anlagen oder Software geht, ist das schwieriger. Bei manchen
Dienstleistungen, bei denen Kunden und Dienstleister Systeme synchroni-
sieren müssen, ist es noch wichtiger, die Denkmodelle zu verstehen. Sonst

entstehen jahrelange Baustellen. Ich denke da beispielsweise an so manche SAP-Einführung, von der ich gehört habe. Oder denken Sie an den BER.

Nutzen Sie die Möglichkeiten der Kommunikation, um den Erfolg Ihrer Kommunikation mit Kunden (und Kollegen) sicherzustellen. Fragen und aktives Zuhören stehen da an erster Stelle.

4.2 Verkaufspräsentationen neu gedacht

Verkaufspräsentationen sind ein genauso wichtiger Teil im Vertriebsprozess wie Verkaufsgespräche – insbesondere bei der Neukundengewinnung. Professionell präsentieren zu können, ist deshalb immens wichtig für den erfolgreichen Verkäufer. Ganz speziell im Solution Selling. Verkäufer benötigen hier permanent neue Kunden.

Im Solution Selling muss bei der Präsentation darauf geachtet werden, immer wieder das Gesamtbild zu zeigen, damit sich die Zuhörer nicht in Details verlieren und die Komplexität noch bedrohlicher wirkt. Immer wieder muss der Bezug vom Detail zur Lösung hergestellt werden.

Ziele und Zielgruppen variieren bei Veranstaltungen massiv. Professionell präsentieren bedeutet deshalb auch, verschiedene Motive und Emotionen zu bedienen. Nur so können wir verschiedene Interessenten erreichen. Die wichtigsten Präsentationen sind:

- bei großen offenen Veranstaltungen zur Lead-Generierung,
- bei neuen Interessen, um die Lösungen im Detail vorzustellen.

Gute Drehbücher können helfen, denn die Teilnehmer sind inzwischen recht verwöhnt. Es muss unterhaltend sein und sachlich gut informieren. Drehbücher für die verschiedenen Präsentationen würden helfen, weil man in Ruhe die verschiedenen Aufgabenstellungen definieren könnte.

Man muss unbedingt von den Zielen der Kunden her denken, wenn man besser werden will. Nicht von den Wünschen, Funktionen und Zielen der Anbieter und der Lösungen. Außerdem gilt es, die verschiedenen Zielgruppen zu berücksichtigen. Denken Sie dabei auch an die Struktur des Buying

Centers. Es gibt einerseits diejenigen, die die Systeme nutzen, die vorgestellt werden. Diese Anwender wünschen sich, dass genau ihre Bedürfnisse abgebildet werden. So wie sie es schon seit Jahren machen, nur automatisiert. Und sie brauchen eine einfache Bedienung. Es gibt aber andererseits auch diejenigen, die es installieren oder pflegen sollen. Letztere haben andere Interessen. Zu diesen Interessen gehört fast immer der Wunsch nach geringem Aufwand für die Wartung. Und die Führungskräfte und Entscheider haben wieder andere Interessen und Ziele. Meistens müssen wir alle adressieren. Das geht nur mit einem guten Plan, einem Drehbuch.

Nur sehr selten gibt es dafür ein gutes schriftliches Konzept, geschweige denn ein Drehbuch. Wenn wir eine wichtige Präsentation ohne Konzept angehen, ist das meistens Verschwendung. Es führt nicht zum Ziel und ruiniert manchmal sogar den Ruf.

Für Präsentation im Solution Selling gibt es, wie oben beschrieben, ganz grob zwei Gründe. Einerseits Informationsveranstaltungen, um Interessenten zu gewinnen, und andererseits, um Kundenspezifische Lösungen zu präsentieren. Zu oft sehe ich bei meinen Coachees kaum einen Unterschied bei den Präsentationen. Warum? Weil es meistens nur um den Anbieter und seine Vorstellung von der Lösung geht. Und da beginnt das Problem. Seine Vorstellung! Nicht die der Interessenten.

4.2.1 Offene Veranstaltungen sollen Interessenten anziehen

Als Anbieter möchten Sie Ihre Kompetenzen zeigen. Sie möchten Ihre Alleinstellungsmerkmale und Ihre Philosophie bei den Zuhörern fest verankern. Die Schwierigkeit dabei ist, die Interessen der verschiedenen Kunden und Kundentypen abzudecken. Und diese Interessen sind andere als die des Anbieters. Manche Teilnehmer möchten möglichst viele Sachinformationen. Gerne auch Details. Die meisten Menschen erwarten eher eine Übersicht, einen Gesamteindruck. Und fast alle möchten gerne mit lebendigen Geschichten gut unterhalten werden. Wenn Sie gute Beispiele aus der Praxis vorstellen, hilft das den Teilnehmern, ein neues System zu verstehen. Professionell präsentieren bedeutet, vielen gerecht zu werden und ganz unterschiedliche Ziele zu bedienen.

Sie wissen sicher, dass bei wichtigen Entscheidungen immer der Hirnbereich der Emotionen das letzte Wort hat. Deshalb gilt: Nur, wenn wir die Emotionen der verschiedenen Kunden treffen, werden wir sie erreichen. Wir müssen also ihre Ängste und Hoffnungen adressieren. Wenn das gelingt, können wir die Teilnehmer bewegen. Dann können wir begeistern und schließlich erfolgreich verkaufen.

Welche Emotionen adressieren Sie heute bewusst? Haben Sie dabei die verschiedenen Zielgruppen, die verschiedenen Kundentypen und deren Motive im Blick? Welche Ziele verfolgen sie? Machen Sie die Teilnehmer neugierig auf ein Verkaufsgespräch mit Ihren Verkäufern? Oder versuchen Sie vor allem, umfassend zu informieren und alle Funktionen zu zeigen und zu erklären? Überlegen Sie, was Sie möchten und schreiben Sie ein Drehbuch für ihre wichtigen Präsentationen.

4.2.2 Präsentation von kundenspezifischen Lösungskonzepten

Kunden wünschen sich eine passende Lösung für ihre Aufgabenstellung. Derjenige Anbieter, der zeigt, dass er

- den Kunden und seine Ziele wirklich verstanden hat und
- dafür eine gute Lösung anbieten kann,

wird den Kunden gewinnen und den Auftrag erhalten. Oder er darf sich wenigstens um den Auftrag bemühen, weil er es auf die Shortlist geschafft hat.

Was Ihre Maschine, Ihre Anlage, Ihre Software oder Ihre Dienstleistung sonst noch enthält, ist von untergeordneter Bedeutung. Die Präsentation für einen einzelnen Kunden und dessen Aufgabenstellung, muss von der Aufgabe und den Zielen des Kunden handeln.

Die Value Proposition ist immer ein guter Start. Dort werden die Aufgaben des Kunden ebenso benannt wie dessen Ziele für das Projekt. Schließlich sind es die Wünsche, Hoffnungen und Erwartungen, die den Kunden bewegen und dazu motivieren, eine Entscheidung zu fällen. Im dritten Teil der Value Proposition gehen Sie dann ja auch kurz darauf ein, warum gerade Sie der richtige Anbieter sind. Und weil die Value Proposition so kurz und knackig die wichtigen Punkte benennt, kann und sollte sie am Ende der

Präsentation noch einmal vorgetragen werden. Aber wenn die Value Proposition die Präsentation einläuten soll, dann muss auch mindestens eine rudimentäre Bedarfsanalyse stattgefunden haben. Das kann ich nur dringend empfehlen.

4.2.3 Präsentationen – schlecht genutzte Chancen des Vertriebs

Präsentationen sind ein wichtiges Element im Vertrieb. Sowohl als Mittel, um neue Interessenten zu locken, als auch um Lösungskonzeptionen für aktuelle Kaufinteressenten vorzustellen. Deshalb sollten diese Präsentationen sehr gut dargeboten werden. Die meisten Präsentationen sind aber nur »ganz o. k.«, sagen selbst Verkäufer. Wenn ich mit Verkäufern darüber spreche, sind sie ganz zufrieden mit sich. »Auch nicht schlechter als andere.« Stimmt! Aber das reicht nirgendwo mehr! Bei keinem Sport und schon gar nicht im Job. Deshalb muss es Ihr Ziel sein, begeisternde Präsentationen zu halten.

Präsentationen im Vertrieb können und sollen Spaß machen. Und das auch im Falle technischer Lösungen. Infotainment ist der Begriff dazu. Sie wollen doch, dass die Kunden sich die wichtigen Punkte merken. Warum nutzen Sie die Chance nicht und versuchen, in Zukunft besser zu sein als die anderen? Besser als die meisten? Informativer und unterhaltsamer als die Wettbewerber?

Wie können Sie das erreichen?
- Fehler vermeiden.
- Ein Drehbuch nutzen.

So ein Drehbuch kann Folien, Flipcharts und Systempräsentationen beinhalten. Aber eines sollte es vor allem sein: lebendig.

4.2.4 Präsentationen mit Power Point

Präsentation mit Power Point? Fragen Sie Ihren Arzt oder Apotheker!

Power Point ist die Schlafdroge des Managements schlechthin. Und auch in Präsentationen. Nichts ist schlimmer! Denken Sie immer daran: Es geht nicht darum, möglichst viele Folien zu zeigen oder möglichst viele Informationen zu geben. Vielmehr kommt es darauf an, die Interessenten in Präsentationen für Ihre Leistungen zu begeistern. Sie wollen die Menschen für sich gewinnen.

Wenn Sie schon Power Point nutzen, schreiben Sie die Folien wenigstens nicht voll. Sondern wählen Sie Bilder, die das Hirn erreichen. Denken Sie daran: »Ein Bild sagt mehr als ...«. Sie können das besser! Also nehmen Sie sich zwei Stunden Zeit und bereiten Sie die Präsentation der Zukunft vor. Ihren Erfolg der Zukunft. Oder nehmen Sie sich einen Tag und erzählen Sie dann Geschichten. Erfolgsgeschichten Ihrer heutigen Kunden. Dann können Ihre Zuhörer von einer besseren Zukunft träumen, davon, wie sie schnell, flexibel und kostengünstig das tun, um was immer es geht. Träume, die ihre Produkte und Leistungen in wichtigen Nebenrollen enthalten.

4.2.5 Was gefällt Ihnen als Gast bei Präsentationen?

Als Zuhörer gefällt uns typischerweise, wenn
- man auf unsere spezielle Situation eingeht,
- ein Dialog mit uns als Teilnehmern stattfindet,
- wir eine Struktur erkennen können,
- die Dauer angemessen und die Kommunikation sympathisch ist,
- die Liebe zu seinem Unternehmen und Produkt spürbar ist (ohne besserwisserisch zu wirken),
- die Präsentation lebendig ist,
- die Präsentation leicht ist, wie ein Spiel und viel Spaß macht.

Es gefällt uns nicht, wenn
- uns eine 08/15-Präsentation gezeigt wird,
- zu viel Theorie vorab erklärt wird,
- am Anfang lang und breit vom Anbieter berichtet wird,
- Details erzählt werden, wenn der Überblick genügt,
- jede Frage zu stören scheint:
  - »Ah, das kommt später.«
  - »Da muss ich Sie vertrösten.«
  - »Oh, das habe ich heute aber nicht vorgesehen.«

Als Zuschauer einer Verkaufspräsentation finden wir es doch auch gut, wenn unsere wichtigsten Fragen schnell beantwortet werden. Ohne lange Umschweife und Blabla. Wir wollen sehen, ob die Maschine, Anlage, Software oder was auch immer unsere Anforderungen in der Zukunft erfüllt.

Leider haben die meisten Präsentationen das Ziel, ganz bestimmte Informationen zum Zuhörer zu transportieren. Informationen, die der Anbieter für wichtig hält. Die ihm wichtig sind. Aber ist es nicht der Kunde, auf den es ankommt?

4.2.6 Wer liest schon das Impressum einer Präsentation?

Die Zuhörer fallen bei der Vorstellung des Anbieters regelmäßig in ein Wachkoma. Sie haben die Augen offen, fragen später aber genau nach den Themen, die Sie erklärt haben. Wieso? Weil sich erst mal niemand für das Impressum interessiert! Nur, wenn der Inhalt der Zeitung echt gut ist, lesen wir das Impressum. Erst, wenn wir wissen, dass die vorgestellte Lösung passt, interessiert uns das Unternehmen, das sie anbietet. Vorher nicht oder kaum. Lesen wir erst das Impressum vor, schlafen schon alle, wenn der spannende Teil kommt. Wir mögen das doch selbst nicht. Warum tun wir das so oft unseren Gästen an? Das muss nicht sein.

4.2.7 Präsentationen müssen eine Einladung zum Dialog sein

Präsentationen sollen Lust auf den Dialog mit Ihnen machen, oder? Also geben Sie sich genau damit Mühe. Jede Frage der Zuhörer hilft Ihnen, genau das anzusprechen, was das Publikum wissen möchte – zumindest einer im Publikum.

Geben Sie eher kürzere Antworten, damit noch Raum für weitere Fragen ist. Und niemand durch lange Antworten gelangweilt wird. Verstehen Sie Fragen nicht als Ausdruck eines Mangels. Fragen zeigen vielmehr das Interesse der Zuhörer. Also geben Sie nicht alle Antworten aufs Mal. Geben Sie kurze, aber doch informative Antworten. Es darf auch gerne Nachfragen geben. Oder fragen Sie auch selbst, ob eine Antwort ausreichend war. Ein mehr an Informationen bedeutet meistens nicht, dass auch mehr Wissen vermittelt wird.

Versuchen Sie, Ihre Präsentation so flexibel wie möglich zu gestalten. Und erkunden Sie sich im Vorfeld, was die Kunden interessiert.

Bei Maschinen oder Softwarevorstellungen wechseln Sie zu den Punkten, nach denen die Teilnehmer gefragt haben. Bei Power-Point-Vorträgen ist das schwieriger, aber mit etwas Übung möglich. Oder lösen Sie sich von den Folien. Dann sind Sie ganz beim Publikum.

4.2.8 Professionell präsentieren nach Drehbuch

Gerade bei großen Veranstaltungen zur Lead-Generierung ist ein professionelles Drehbuch wichtig. Nur so kann man sich den hohen Anforderungen mit Hoffnung auf Erfolg stellen.

Bei vielen Präsentationen wird versucht, alle möglichen Fragen mit der Präsentation zu beantworten. Und dann stellt man enttäuscht fest, dass danach niemand mehr eine Frage stellt. Dann ist es nicht gelungen, einen Dialog zu initiieren. Niemand ist jetzt neugierig, eher erschlagen. Es ist ausgesprochen schade, wenn das passiert. Präsentationen sollten die Grundlage für einen gelingenden Dialog sein. Sie müssen nicht alles beantworten. Sie dürfen Fragen offenlassen, sollten sie sogar – ganz bewusst. Noch besser ist es, wenn es Ihnen gelingt, Neugier zu wecken. Wenn die Gäste nach der Präsentation gute Fragen stellen können, hat der Redner genug erklärt und sein Ziel erreicht. Dann kann man genau die Fragen beantworten, die im Raum stehen.

Machen Sie mehr aus Ihren Chancen. Begeistern Sie Ihre Kunden mit einer dynamischen Verkaufspräsentation. Es muss kein permanentes Feuerwerk sein, auch wenn das großartig wäre. Aber es genügt, wenn Sie ein lebendiges und positives Bild von Ihren Leistungen zeichnen, ein Bild, bei dem die Aufgabenstellungen der Kunden im Vordergrund stehen. Also reden Sie von den Lösungen, die Ihre Kunden erhalten. Erzählen Sie von Beispielen aus der Praxis. Machen Sie die Teilnehmer Neugierig auf mehr. Wenn Sie zunächst die Menschen gewinnen, dann bekommen Sie Neukunden ohne Mühe.

Im Drehbuch sollten Sie einen klaren Fahrplan haben. Je besser ein Präsentator diesen Fahrplan beherrscht, desto flexibler kann er damit umgehen. Dann stören die Zwischenfragen nicht mehr.

Das Drehbuch muss für eine bestimmte Präsentation geschrieben werden. Es sollte eine Einführung enthalten, die die Teilnehmer abholt und die Neugier auf das Thema verstärkt. Dann sollten die Ziele der Präsentation sehr klar definiert werden, um in der Folge zu beschreiben, wie sie erreicht werden. Dabei geht es

- um Geschichten, Bilder und Pointen, die die Menschen zum Lachen bringen,
- um klare Botschaften, die man bei den Zuhörern verankern möchte und am Ende
- um eine Zusammenfassung der zentralen Punkte und um emotionale Verstärker.

Denn es geht nicht so sehr darum, dass viel Inhalt hängen bleibt, sondern darum, dass die Themen lange im Kopf bleiben.

> Professionell präsentieren, Emotionen wecken, inspirieren und mehr bewirken – mehr verkaufen.

Verkaufspräsentationen und Veranstaltungen sollen Interessenten begeistern! Das gilt ganz besonders im Solution Selling. Hier sind die Themen häufig sehr fachlich, technisch oder betriebswirtschaftlich anspruchsvoll und bergen damit die Gefahr, dass man in Sachlichkeit versinkt. Aber es sind die Emotionen, die verkaufen. Angst und Hoffnung, das Gefühl von Sicherheit und Geborgenheit beim Anbieter. Das stimmt auch dann, wenn das niemand so sagen würde.

4.2.9 Präsentationstechniken – einige wichtige Einzelpunkte

Nachdem bis hierher wichtige Punkte zur Herangehensweise bei Präsentationen benannt wurden, möchte ich hier noch einige Einzelpunkte hervorheben. Punkte, bei denen ich viel zu oft folgenschwere Fehler beobachtet habe.

Nicht mit durchdrehenden Reifen starten
Führen Sie Ihre Zuhörer langsam an das Thema der Präsentation heran. Bedenken Sie: Ihre Zuhörer kommen sehr oft direkt vom Schreibtisch oder von der Autobahn. In Gedanken sind sie deshalb oft noch woanders. Nutzen Sie Bilder oder Geschichten, um die Zuhörer zu einer Reise in oder zu einem Dialog über das Thema einzuladen. So lässt sich leicht Rapport herstellen und Beziehung aufbauen.

Wenn der Präsentator es in dieser ersten Phase schafft, die Sympathie der Gäste zu gewinnen, ist die Chance auf ein »Miteinander« viel größer.

Vergessen Sie nie, dass wir es im Solution Selling mit komplexen und oft sehr erklärungsbedürftigen Lösungen zu tun haben. Auch Fachleute brauchen deshalb Zeit, sich aufeinander einzulassen. Und nicht alle Zuhörer sind Fachleute.

Seien Sie bei kritischen Themen souverän
Wenn es kritische Themen bei Ihnen gibt, ist es besser, sie proaktiv anzusprechen. Zu warten, ob jemand im Publikum sitzt, der sich traut, sie zu thematisieren, und dann zu reagieren, wirkt niemals souverän.

Sprechen Sie diese Themen an, nachdem Sie Rapport hergestellt haben. Fragen Sie ruhig, ob sich jemand für die Antworten zu diesen Themen interessiert. Nehmen Sie sachlich Stellung, aber heben Sie den Nutzen des Themas hervor. Bleiben Sie nicht beim Problem hängen. So können Sie die typischen Ja-aber-Punkte entschärfen und die Zuhörer beruhigen. Das aber nur, wenn Sie selbst ganz ruhig sind.

Lassen Sie das Publikum immer wieder reflektieren
Fordern Sie das Publikum spätestens am Ende der Präsentation auf, das Vorgetragene zu reflektieren. Dies verfestigt die Informationen. Reflektieren kann natürlich auch zu Fragen und zu Widerspruch führen, gerade bei kritischen Punkten. Aber es ist viel besser, wenn diese Widersprüche sofort geäußert werden. Dann kann man sie behandeln.

Es ist sehr gut, wenn der Referent nach jedem Themenblock, die Chance zu einer Reflektion gibt. Bleiben Fragen und Widersprüche unbehandelt im

Kopf, können sie den Teilnehmer blockieren und er würde kaum noch etwas aufnehmen können.

Ein besonderes Geschenk verdient eine schöne Verpackung
In Deutschland haben wir es sehr oft mit eher nüchternen Spezialisten aus Technik oder Betriebswirtschaft zu tun. Wir machen eher kein großes Ding aus der ein oder anderen Besonderheit. Schwäbische Bescheidenheit und Understatement dominieren viel zu oft. Und das in ganz Deutschland. Zur generellen Unternehmenskommunikation zu diesem Thema möchte ich hier nichts sagen. Aber in Präsentationen ist das ganz falsch. Inszenieren Sie das Besondere! Inszenieren Sie die Highlights. Entwickeln Sie die Besonderheiten als Überraschung oder als Pointe einer Geschichte. Führen Sie das Publikum auf eine falsche Fährte, um dann mit der »Superlösung« um die Ecke zu kommen. Oder inszenieren Sie einen Dialog mit dem Publikum, der zur Superlösung führt. Wenn es diese herausragenden Punkte gibt, muss jeder Zuhörer sie nach der Präsentation kennen.

Planen Sie den Spannungsbogen
Drei Stunden nach der Präsentation haben die Teilnehmer die Hälfte der Informationen vergessen. Wenn Sie wüssten, was nach einer Woche noch in den Köpfen der Teilnehmer ist, würde es Sie depressiv machen. Es kommt also nicht darauf an, möglichst viel in die Köpfe zu bekommen. Vielmehr ist es wichtig, dass die Teilnehmer die zentralen Punkte im Kopf behalten. Dafür ist die Inszenierung wichtig, aber auch der Spannungsbogen. Denken Sie an das Thema »Kommunikationswirkung«.

Wenn Sie Veranstaltungen von mehr als zwei Stunden Dauer haben, dann sollten Sie die Energiekurven bedenken. Planen Sie wichtige Punkte zu Zeiten mit viel Energie. Halten Sie für Zeiten mit geringer Energie Unterhaltsames bereit. Darauf sollten Sie unbedingt achten, damit die Veranstaltung positiv im Gedächtnis bleibt. Zum Ende hin sollten Sie noch mal Spannung erzeugen oder ein Lachen erwirken. Das erfrischt das Publikum und hilft Ihnen dabei, die wichtigen Themen zu verankern.

Nutzen Sie immer wieder Elemente zum Auflockern, das entspannt und schafft Sympathie. Wenn wir später verkaufen wollen, ist das auch im Solution Selling unerlässlich.

Kommunikation mit und Fragen von Teilnehmern
Sicher haben Sie schon verstanden, dass der Dialog mit dem Publikum immens wichtig ist. Wenn Sie noch nicht sicher sind, wie wichtig er ist, dann beobachten Sie doch mal die großen Comedians oder auch Bauchredner.

Ganz besonders bei kritischen Fragen ist es wichtig, sich Zeit für ihre Beantwortung zu nehmen. Strahlen Sie Ruhe aus, indem Sie sich zunächst für die Frage bedanken. Das gibt ihnen Zeit zum Nachdenken. Wiederholen Sie zudem die Frage, damit alle im Raum wissen, um was es geht. Nachdem Sie die Frage mehr oder weniger wörtlich wiederholt haben, kann man das Thema etwas verändern. Das ist dann wichtig, wenn der einzelne Punkt nicht sinnvoll behandelt werden kann. Sie haben das Recht die Fragestellung etwas anzupassen. Wichtig ist, dass am Ende eine gute Antwort im Raum steht. Das könnte sich dann etwa so anhören:»Mit Ihrer Frage zielen Sie ja auf das wichtige Thema »X« ab. Wir sehen dieses Thema in einem Kontext mit dem Thema »Y«. Deshalb würde ich das gerne zusammen behandeln. Ist das für Sie im Raum akzeptabel?« Sie antworten also nicht nur dem Fragesteller und er darf nicht allein entscheiden, wie die Frage beantwortet wird. Aber wir müssen die Frage beantworten. Ausweichen gilt nicht.

Eine der Gefahren im Dialog mit dem Publikum ist, dass es manchmal zu einem spezifischen Dialog mit einem einzelnen Teilnehmer kommt.»Wenn Sie so viele Fragen haben, dann sollten wir möglichst bald einen Termin ausmachen. Ich habe Ihnen allen ja die Inhalte der Agenda versprochen und würde dieses Versprechen gerne einhalten. Ist das auch Ihr Wunsch?« Damit sollten wir dann wieder im Plan sein. Achten Sie dabei immer darauf, dass die Stimmung im Plenum positiv bleibt. Wichtiger als der Zeitplan und die Agenda ist die gute Stimmung.

Wiederholen Sie regelmäßig die Kernpunkte und den Nutzen
Wiederholen Sie immer wieder die wichtigen Botschaften, deren Besonderheiten und deren Nutzen. Verstärken Sie damit die Erkenntnisse der Teilnehmer. Nach jeder Session ein: »Was haben wir gelernt? Und: Warum ist das für Ihr Unternehmen wichtig?«

Greifen Sie die wichtigen Punkte vor einer Pause kurz auf. Nach einer Pause können Sie eine kurze Wiederholung und Hinführung mit den Worten einleiten: »In der Pause wurde ich nach … gefragt. Lassen Sie mich kurz dazu Stellung nehmen.«

Der Präsentator sollte auch immer wieder die Verbindung vom Detail zum Gesamtbild der Lösung herstellen. Das fördert das Verständnis immens.

Zum Schluss: die Handlungsaufforderung
Wie schon öfters erwähnt sind im Solution Selling die Vertriebsprozesse mit sechs bis 36 Monaten recht lang. Deshalb kommt es darauf an, dass ein Prozess immer weiter vorwärtsentwickelt wird. Die Ermunterung und Aktivierung der Teilnehmer, den nächsten Schritt im Auswahlprozess zu gehen, ist deshalb unerlässlich. Und doch findet das häufig nicht statt. Natürlich sollten wir die Gäste nicht zu sehr bedrängen, aber ein klares Angebot für den nächsten Schritt kann der Zuhörer schon erwarten.

Gute Vorbereitung ist der Schlüssel
Viel zu oft höre ich: »Da nehme ich die Standardpräsentation. Für mehr habe ich keine Zeit!« Ja. Zeit ist immer ein Thema. Aber wenn Sie bei den Präsentationen zu viele Leads oder gar Opportunities verlieren, benötigen Sie viel mehr Zeit, um neue Leads zu finden.

Entwickeln Sie Drehbücher für die wichtigsten Ihrer Präsentation. Wenn Sie diese gut beherrschen, dann können Sie auch leicht improvisieren, ohne den Faden zu verlieren oder zu ausschweifend zu werden. Mit einem guten Drehbuch haben nicht nur Ihre Teilnehmer viel mehr Spaß, sondern hoffentlich auch Sie selbst.

Komplexe Lösungen darzustellen und zu erklären ist Alltag im Solution Selling. Es ist schade, dass sehr viele Anbieter ihre Präsentationen nicht deutlich verbessern. Wenn Anbieter das einmal erarbeiten und immer wieder anpassen, können sie ganz oft davon profitieren. Zeigen Sie auch in Präsentationen, dass Sie sich in allen Situationen um Ihre Kunden kümmern und stets Herr der Lage sind. Das schafft Vertrauen.

4.3   Die 3 S der Motivation – Warum Menschen kaufen?

3 S im Geschäftsalltag erkennen und umsetzen
Wenn wir mit Menschen arbeiten, ist es sehr oft hilfreich, zu verstehen, wie diese Menschen »ticken«. Nach was streben diese Geschäftspartner oder Kunden? Was motiviert diese Menschen, was treibt sie an? Hierfür wurden verschieden Modelle zur Typisierung von Persönlichkeiten entwickelt. Es gibt eine Reihe von Systemen, die im Kern auf der viergliedrigen Struktur von Carl Gustav Jung (1875 bis 1961) basieren.

Modernere Angebote zur Typisierung basieren auf der Hirnforschung und sind eher dreigliedrig. So, wie das hier vorgestellte System, das sich an das Structogram und das Konzept des »Triune Brain« anlehnt. Interessant ist, dass neueste Hirnforschung diese Konzepte, die aus den 70er-Jahren stammen, sehr eindeutig bestätigen.

Für den Vertrieb sind allerdings all diese Typisierungen hilfreich, um Menschen zu verstehen. Keiner unserer Kunden wird vor oder während der Zusammenarbeit einen Test machen, damit wir genau wissen, mit wem wir es zu tun haben. Vielmehr ist es immer an den Verkäufern, den Kunden einzuschätzen. Damit werden wir aber nie genau bestimmen können, welche Motive einen Kunden antreiben. Aber immer, wenn wir mit einem solchen System der Kategorisierung arbeiten, werden wir mehr über den Kunden erfahren. Weil wir sein Wirken bewusst betrachten, um daraus Rückschlüsse auf seine dominanten Motive zu ziehen.

Wer heute schon eine Systematik zur Bestimmung der Persönlichkeit von Menschen nutzt, sollte diese weiter nutzen. Ganz besonders, wenn er das Gefühl hat, dass es hilft. Allen anderen stelle ich hier ein System vor, das einfach zu verstehen und leicht anzuwenden ist. Teilnehmer meiner Seminare bestätigen immer wieder seine Alltagstauglichkeit, auf die es primär ankommt.

4.3.1   Die 3 S der Motivation

Ein leicht handhabbares Modell, um den Gesprächspartner schnell zu typi-sieren, ist das Modell »Die 3 S der Motivation«. Die 3 S stehen für die wich-tigen Motive der Menschen:

- Sicherheit = Sicherheits- und rationale Orientierung,
- Spaß = hedonistische Orientierung,
- Stolz = streben nach Anerkennung und Bedeutung.

Unter diese Oberbegriffe für Motive lassen sich folgende Unterbegriffe fas-sen:

Sicherheit	Spaß	Stolz
• Sicherheit • Beruhigung • Know-how • Rankings • Qualität • Regeln	• einfach • angenehm • spaßig • freundlich • Gemütlichkeit • Genuss • Beziehung	• Anerkennung • Bewunderung • Achtung • Wettbewerb • Karriere • Ehrgeiz • »der Beste«

Tab. 3: Motive und Ziele der Kundentypen

Diesem Modell zufolge hat jeder Mensch Anteile aller drei Kategorien in sich. In der Regel sind jedoch eine oder zwei davon stärker ausgeprägt als die an-deren. Diese Kategorie ist es, die diesen Menschen hauptsächlich antreibt, die ihn dazu motiviert, bestimmte Dinge zu tun oder die Dinge in einer be-stimmten Art und Weise zu tun – oder eben auch nicht zu tun. Die Motive machen uns zu dem, was wir sind.

Daher ist es durchaus hilfreich, sich vor einem Verkaufsgespräch, seine Ge-sprächspartner noch einmal ins Gedächtnis zu rufen und sie – sofern sie Ih-nen schon einigermaßen bekannt sind – einzuschätzen. Bei Geschäftspart-nern, mit denen bereits eine längere Geschäftsverbindung besteht, kann man in diese Betrachtungen auch seine persönlichen Eindrücke von dessen Büro, den Hobbys oder sonstigen Gepflogenheiten einbeziehen. Diese Ein-schätzung und das Sicheinstellen auf diese Besonderheiten helfen, in einer Verhandlung eine noch bessere Beziehungsebene herzustellen.

! **Anmerkung:**

Aktuelle Ergebnisse der Hirnforschung stützen diese drei Hauptmotive. Profit oder Geld, das früher ebenfalls als grundlegendes Motiv vermutet wurde, lässt sich durch die Hirnforschung nicht stützen. Vielmehr scheint es für das Streben nach pekuniären Vorteilen sehr unterschiedliche Gründe zu geben. Gründe, die sich in Tabelle 3 wiederfinden.

4.3.2 Wie können wir die Motivorientierung erkennen

Ein Modell wie das 3 S-Modell oder andere (wissenschaftlich fundierte) Persönlichkeitsmodelle helfen uns nicht weiter, wenn wir nicht damit umgehen können. Es ist zwingend notwendig,

- die Motivorientierung eines Menschen zu erkennen, um dann
- das eigene Verhalten darauf einstellen zu können.

Wichtig ist zunächst, unsere Wahrnehmungskanäle zu aktivieren und auf mögliche Anzeichen zu programmieren. Ganz viel können uns unsere Augen und Ohren liefern. Neben dem allgemeinen Auftreten gibt es eine Reihe von Symbolen, die uns Auskunft geben können. Aber auch Lebensumstände und Hobbys liefern wichtige Informationen.

Symbole	Auto, Büroeinrichtung, Urkunden, Bilder – von Kindern oder Künstlern, Drucke oder Originale, Bekleidung, Schmuck
Lebensumstände	Familie, Kinder, Mitgliedschaften in Clubs oder Vereinen, Selbstständig, Verhältnis zu Mitarbeitern
Freizeitaktivitäten	Hobbys, soziales Engagement, Einbindung in eine Gemeinde oder Kirche, Feinschmecker, musische Veranlagung
Einstellungen	Wirtschaft, Politik etc., sofern der Geschäftspartner von sich aus darüber spricht

Tab. 4: Typen erkennen

Tabelle 4 liefert natürlich keine abschließende Liste. Alle Wahrnehmungen können auch immer nur zu qualifizierten Vermutungen führen. Wir dürfen nie glauben, dass wir einen Menschen wirklich »entschlüsselt« haben. Wir versuchen aber, die richtige Schublade für die Menschen zu finden. Aber bitte lassen Sie die Schublade offen. Es geht nur um eine Annäherung und darum, sich Gedanken zu machen, nicht um fixe Zuordnungen.

Wenn wir nun »wissen«, mit wem wir es zu tun haben, was machen wir daraus? Wie können wir unseren Kunden helfen, sich für uns zu entscheiden? Wenn wir den Kunden besser kennen, können wir seine Wünsche und Ziele meistens besser verstehen. Auf dieser Grundlage können wir besser zu ihm passende Lösungen finden. Und genau darum geht es. Für Kunden bessere Lösungen finden.

4.3.3 Umsetzung der Erkenntnisse zur Motivorientierung

Wenn wir ahnen, welche Motive unseren Gesprächspartner antreiben, welche Themen ihm also etwas bedeuten und mit welchen er nur wenig anfangen kann, können wir dies in der Kommunikation umsetzten. Wir können uns für beide Gesprächsteile vorbereiten oder einstimmen:
- Small Talk und
- Business Talk.

Der »Sicherheitstyp« geht mit Small Talk ganz anders um als der »Beziehungs- und Spaßorientierte« oder der »Stolze«. Und auch im geschäftlichen Gespräch sind ihnen jeweils andere Schwerpunkte wichtig. Sich auf die Gesprächspartner und Ihre Unterschiedlichkeit einzustellen und dadurch die Gesprächsatmosphäre positiv zu beeinflussen, darum geht es beim Einsatz dieser Kenntnisse.

Die 3 S im Small Talk
Die wesentlichen Punkte finden Sie in Tabelle 5. Wenn Sie den Kundentyp des Gesprächspartners kennen, ist es leichter, sich über Themen im Small Talk Gedanken zu machen.

Sicherheit	Spaß	Stolz
■ auch im Small Talk Ernsthaftes behandeln ■ eher verantwortliches Handeln, als wilde Geschichten ■ Gesundheit ■ Ernährung ■ Familie ■ Heim und Garten ■ »alles im Griff«	■ gerne Freizeitthemen ■ auch mal einen Witz ■ Gemeinsamkeiten pflegen ■ sich öffnen und etwas Privates erzählen ■ Urlaub ist ein beliebtes Thema ■ guter Wein ... ■ »Mensch sein«	■ eher fragen als erzählen ■ ernsthaft Anerkennung zollen ■ eigenen Spaß am Wettkampf darstellen ■ will kein Weichei als Gesprächspartner ■ nicht schleimen – eher ernsthaft dagegenhalten ■ »wir sind spitze«

Tab. 5: Kundentypen und Small Talk

Bitte bedenken Sie: »Small Talk« hat eine wichtige Funktion in der Kommunikation. Es ist nicht nur höfliches »Blabla«, sondern die Chance, sich mit dem anderen zu synchronisieren. Ebenso wichtig ist, dass es Ihnen die Möglichkeit gibt, zunächst einmal »anzukommen«.

Beim Small Talk wird der Unterschied zwischen dem Sicherheitstyp und dem Spaßtyp sehr deutlich. Während der Spaßtyp den Small Talk braucht, um durch die privaten Themen den anderen Menschen kennenzulernen, ist der Sicherheitstyp gerade bei diesen Themen sehr zurückhaltend. Erst, wenn der Verkäufer sich durch die Sachthemen und seine Kompetenz »bewiesen« hat, ist er auch bereit, über Privates zu reden.

Die 3 S im Business Talk

Der Business Talk ist anders als der Small Talk das eigentliche Ziel der Verkäufer. Früher wurde gerne so getan, als wäre der Small Talk das zwingende Vorspiel für Verkaufsgespräche. Aber es gibt keine zwingende Reihenfolge. Es ist eher eine Frage des Kundentyps bzw. des Persönlichkeitstyps des Kunden.

Beim Thema »Konstruktivismus« haben wir festgehalten, dass jeder »seinen Heimatfilm hat«, jeder seine eigene Wirklichkeit erlebt. Das Erkennen der Motivorientierung und die Umsetzung dieser Erkenntnis bringen uns näher an unsere Geschäftspartner. So wie Small Talk und Business Talk unterschiedliche Bedeutung haben, so sind auch die Themen innerhalb des Verkaufsgesprächs unterschiedlich.

Sammeln Sie die Wahrnehmungen, die Punkte, die auf die individuellen Motivausprägungen hinweisen. Notieren Sie sich diese möglicherweise und machen Sie sich dann darüber Gedanken, was Sie daraus machen. Da ja auch Sie nicht ohne Motivausprägung sind und nicht objektiv sein können, könnte es sich lohnen, sich mit einem Kollegen über diese Person auszutauschen.

Sicherheit	Spaß	Stolz
▪ detaillierte Erklärungen ▪ sehr systematisch ▪ immer wieder rückkoppeln ▪ versichern, dass andere das auch machen ▪ auf Erfahrungen hinweisen ▪ zuverlässiger Service ▪ Produkttest, Qualität ▪ »alles im Griff«	▪ liebt den einfachen Weg ▪ einfache Abläufe ▪ einfache Produkte ▪ möchte nichts von Schwierigkeiten hören ▪ wünscht enge Partnerschaft und persönliche Betreuung ▪ gerne Incentives, kleine Geschenke ▪ »Mensch sein«	▪ muss immer wieder Würdigung erfahren ▪ braucht hochrangige Gesprächspartner ▪ ist gerne Vorreiter, darf sich aber nicht blamieren ▪ »Kundenbeirat« und Kamingespräche ▪ Eitelkeiten akzeptieren/ loben ▪ eigene Leistung aufzeigen ▪ »wir sind spitze«

Tab. 6: Kundentypen und Business Talk

4.3.4   Anwendungsbeispiel

Vor einigen Jahren habe ich ein großes Weiterbildungsprojekt für einen Versicherer durchgeführt. Neben den Seminaren habe ich einige der Verkäufer auch zu Kunden begleitet. Im Zusammenhang mit den Kundentypen erinnere ich mich sehr gut an einen gemeinsamen Termin. Dem Geschäftsführer des mittelständischen Versicherungsmaklers war ich als Coach angekündigt worden, womit er einverstanden war. Er hatte das Unternehmen auf eine Größe von etwa 60 Mitarbeitern aufgebaut. Das ist eine großartige Leistung und er war darauf auch sehr stolz. Das war schnell zu erkennen und auch berechtigt.

Als wir bei dem Versicherungsmakler ankamen, sagte uns die Sekretärin, dass »der Chef« noch einige Minuten brauche und forderte uns auf, zu warten. Mein Coachee nutzte die Zeit, um mit einem Mitarbeiter einige Punkte zu klären, die angefragt waren.

Der Chef kam und bat mich leicht irritiert in sein Büro. »Wo ist denn Herr …?« Ich erläuterte es ihm. Sein Gesicht sagte sehr deutlich, dass er es nicht gewohnt war, wegen »subalterner« Mitarbeiter zu warten. Er hatte ein schönes Büro. Ein L-förmiger Schreibtisch aus Mahagoni mit 2 x 4 Metern dominierte den Raum. Dazu ein schönes Sideboard mit etwa zehn Pokalen. All das zeigte, was dem Herrn wichtig war.

Nach wenigen Minuten (zwei oder drei), in denen sich der Kunde über die Versicherung beklagte, kam der Verkäufer hinzu. Als Coach beendete ich meine Beteiligung am Gespräch so schnell wie möglich, ohne unhöflich zu wirken. Ich beobachtete (ohne Einfluss zu nehmen) ein Verkaufsgespräch, das nur schwer in Gang kam. Das »Gemecker« wollte erst mal nicht enden. Wirkliche Fortschritte konnte der Verkäufer an diesem Tag nicht erzielen.

Beim Gespräch nach dem Termin sagte mir der Verkäufer als Erstes: »So war der noch nie«. Er wäre schon zwei- oder dreimal bei ihm gewesen. Daraufhin fragte ich den Verkäufer nach seiner Einschätzung, was den Kundentyp dieses Geschäftsführers anging. Das sei schwierig und nicht so eindeutig, antwortete der Verkäufer. Aha, dachte ich mir und fragte: »Wissen Sie bei welchem Sport der Geschäftsführer die Pokale gewonnen hat?« »Nein«, sagte der Verkäufer, das wisse er nicht, aber die Pokale seien ihm auch schon aufgefallen.

Liebe Leser, solche Pokale stehen nicht auf einem Sideboard, weil sie schön aussehen. Ihr Sinn und Zweck ist, dass man über sie redet. Sie sollen vermitteln, mit wem man es zu tun hat. Sie zeigen, auf was ihr Besitzer stolz ist. Es könnten die Pokale sein, die die Tochter beim Tennis gewonnen hat – oder der Chef selbst. Das ist egal. Wichtig hingegen ist ein respektvolles Wahrnehmen. »Oh, Respekt, sind Sie der erfolgreiche Sportler?« oder Ähnliches kann eine Vorlage geben. Bei einem solchen »Stolzen« kann das dazu führen, dass er nun stolz davon erzählt. Oder er sagt so etwas wie: »Ja ich, früher. Aber jetzt lassen Sie uns über das Geschäft sprechen.«

Das Mahagoni, die Größe des Schreibtischs, die Pokale und der Dreiteiler sagen sehr klar, welcher Kundentyp da vor einem sitzt. Wenigstens diese offensichtlichen Dinge sollten wir leicht zuordnen können.

»Stimmt eigentlich, das hätte ich mir denken können«, war der Kommentar des Verkäufers. »Dann hätte ich den wohl eher nicht warten lassen sollen und den ›Subalternen‹ erst später besuchen.« Ja, dann wäre das Gespräch wahrscheinlich ganz anders gelaufen.

Sie sehen: Die Typen zu erkennen, kann recht einfach sein und dann zu sehr konkretem Handeln führen. Und genauso sollten wir diese Themen nutzen.

Es geht nicht darum, wissenschaftlich an die Kundentypen heranzugehen. Es geht vielmehr darum, ganz konkrete Hinweise für das praktische Handeln abzuleiten.

5 Mehr zum Thema »Verhandlung«

Neben den Grundsätzen des Harvard-Konzepts gibt es noch weitere Themen zu beleuchten. Auch das Harvard-Konzept will einen sinnvollen und produktiven Umgang mit Macht. Aber dazu muss man noch sehr viel mehr bedenken, als nur die Grundsätze. So etwas wie die Psychologie der Macht.

Preisgespräche sind eine besondere Form der Verhandlung. Dabei nutzt typischerweise der Einkäufer die Vorstellung von Verkäufern aus, dass der Einkäufer mehr Macht hat. Aber seinen Sie versichert, das stimmt nicht. Nicht im Solution Selling! Und auch sonst nicht immer. Deshalb brauchen wir die Regeln im Preisgespräch. Außerdem lohnt es sich, die psychologischen Prinzipien des Überzeugens zu kennen.

5.1 Psychologie der Macht in Verhandlungen

Ist es Macht, um das es in Verhandlungen vor allem geht? Einige, auch erfahrene, Verkäufer und Verkaufstrainer sehen das so. Andererseits gibt es das wissenschaftlich fundierte Harvard-Konzept, das die »sachorientierte« Verhandlung propagiert.

5.1.1 Macht, Stärke und Druck in Verhandlungen

Ganz sicher ist: Verhandlungen haben immer auch mit Macht oder Machtlosigkeit zu tun. Und wem das Wort »Macht« zu stark ist, der benutze stattdessen das Wort »Stärke«. In diesem Kapitel möchte ich Ihnen einige Gedanken zu den Themen »Macht«, »Stärke« und »Druck« in Verhandlungen darlegen. Lesen Sie hier einige Ideen, wie wir mit Macht umgehen können und wie man sich für Verhandlungen selbst stärker macht. Dabei werden folgende Fragen zum Faktor Macht in Verhandlungen beleuchtet:

- Welche Faktoren stärken den Einfluss einer Partei auf eine Verhandlung?
- Wie kommt es zur Verschlechterung einer Position in Verhandlungen?
- Was genau bedeutet Macht oder Stärke? Was ist objektive, was subjektive Macht?

- Wie gehe ich in Verhandlungen mit Macht um?
- Wie kann man Entscheidungsdruck aufbauen?
- Können Verkäufer die Machtbalance testen, wenn sie sich über die Machtverhältnisse nicht sicher sind?
- Wie sollten wir mit Machtspielen umgehen?
- Darf man Stärke in Verhandlungen ausnutzen?
- Wie gehen wir mit einer Schwäche in Verhandlungen um?

Sie sehen: Es gibt eine Reihe relevanter Fragen. Mit welcher sollte man beginnen?

Der Kern von Macht in Verhandlungen
Lassen Sie mich mit zwei kleinen Geschichten beginnen:
- **Das Mitarbeitergespräch**
  Ein junger Mann bereitet sich auf sein Mitarbeitergespräch vor. Der Chef hatte Ihn zum Gespräch gebeten und er hoffte, dass dieser nicht allzu viel zu kritisieren hätte. Er konnte sich keine Probleme im Job leisten. Seine Frau hatte gerade ihren Halbtagsjob verloren. Die Kinder waren erst ein und drei Jahre alt. Außerdem hatten sie gerade ein Haus gekauft und renoviert. Möglicherweise war es doch ein Fehler gewesen, gerade jetzt Eigentum anzuschaffen. Nein, Probleme mit dem Chef wären speziell jetzt und in naher Zukunft ganz schlecht. Er war erst wenige Jahre im Job. Außerdem war er erst vor 20 Jahren nach Deutschland gekommen und sprach noch immer kein ganz sauberes Deutsch. Er machte sich echte Sorgen. Auch wenn er nicht wusste, welche Probleme es geben könnte, hatte er Angst.
  Dieser junge Mann hat ganz objektiv keine Macht. Oder würden Sie das anders beurteilen?
- **Eine ganz andere Geschichte über individuelle Macht**
  Ganz anders war die Situation eines jungen Ingenieurs, dessen Chef sich auf ein Mitarbeitergespräch mit einem seiner Angestellten vorbereitete. Hier machte sich der Chef Sorgen. Das Unternehmen war ein kleines mittelständisches und vom Inhaber geführtes Unternehmen. Es war umgeben von den großen Unternehmen der Region. Bosch, Daimler, Siemens, Porsche. Sie alle suchten ebenfalls junge talentierte Ingenieure. Es würde schwer werden, diesen jungen Mann zu halten. Er hatte sich innerhalb weniger Jahre zu einem hervorragenden und sehr beliebten Vertriebsingenieur entwickelt. Außerdem konnte er mit Kunden und Kollegen ausgezeichnet

kommunizieren. Er war sehr beliebt und konnte sich trotzdem, wo immer notwendig, durchsetzen. Dazu kamen seine Sprachkenntnisse, durch die er wichtige Märkte im Ausland betreuen konnte. Er sprach russisch und rumänisch. Und er verstand auch die Mentalität in jenen Ländern. Wenn er diesen Mitarbeiter an einen der großen Nachbarn verlieren würde, wäre das ein großes Problem. Er wüsste nicht, wie er ihn in naher Zukunft ersetzen sollte. Deshalb würde er auf alle Forderungen eingehen müssen, wenn er ihn behalten wollte. Und das wollte er unbedingt. Koste es, was es wolle! Hat dieser Chef Macht? Hier sitzt doch eindeutig der Mitarbeiter am längeren Hebel.

Verhandlungstechniken beginnen mit der Vorbereitung

So, wie in diesen Geschichten der junge Mann und der Manager, denken auch Verkäufer sehr häufig. Sie konzentrieren sich auf ihre Befürchtungen. Deshalb übersehen sie leicht, welche Stärken sie haben. Und sie machen sich zu wenig Gedanken darüber, welche Stärken andere in ihrem Angebot sehen könnten.

Sie haben es sich sicher selbst schon gedacht: Die beiden Geschichten sind die beiden Seiten ein und derselben Medaille. Was wir für »objektive« Machtfaktoren halten, sind meistens nur subjektive Machtvorstellungen. Dabei spielt es keine Rolle, ob wir unsere Position, wie in den Beispielen, unterschätzen oder wegen zu viel Selbstbewusstsein überschätzen. Auch ein Einkäufer, der glaubt, es wäre egal, wo er kauft, kann sich irren. Ich habe es oft genug erlebt, dass so mancher großartige Deal sehr teuer geworden ist. Trotzdem war der Einkäufer stolz, weil er das billigste Angebot gewählt und damit sein Jahresziel unterstützt hat.

Macht und Machtlosigkeit sind reine Psychologie

Wir sollten unsere Sicht immer intensiv hinterfragen, wenn wir in eine wichtige Verhandlung gehen. Es ist wichtig, dass wir eine realistische Einschätzung der eigenen und der fremden Stärke, also der Machtbalance, haben. Eine SWOT-Analyse kann Ihnen dabei helfen, die Einschätzung objektiver zu machen. Diese objektive Einschätzung ist vor allem dann wichtig, wenn sie Ihnen hilft, Ihr Gefühl zu verbessern.

Vorbereitung ist ein wichtiges Element der Verhandlungstechniken. Dazu muss die Machtbalance beleuchtet werden, aber auch die Ziele beider Seiten. Mehr dazu finden Sie im Harvard-Konzept unter dem Stichwort »Interessen«. Diese Ziele bzw. Interessen analysieren wir mit der RABEN-Methodik zur Bedarfsanalyse. Und das möglichst früh.

Macht in Verhandlungen ist nur ein Gefühl
Wir müssen unsere Schwächen kennen, aber wir müssen uns auch unserer Stärken bewusst sein.

Macht ist zuallererst und überwiegend ein Gefühl.

Macht hat immer mit der Frage zu tun, wie sehr eine Seite ein bestimmtes Ergebnis einer Verhandlung braucht und wie groß die Angst ist, das, was man braucht, nicht zu bekommen – sei es die Leistung oder den Auftrag.

Verkäufer werden oft von ihren Vertriebsleitern negativ beeinflusst. Sie sollen den Auftrag »unbedingt noch in diesem Monat reinholen«. »Komm bloß nicht ohne Auftrag zurück« – solche Sätze schwächen viel zu oft die Position des Verkäufers! Als Folge verliert das Unternehmen ganz schnell viel Geld. Nur wegen eines unbedachten Satzes des Chefs.

Machtbalance hängt aber auch vom Kundentyp der Verhandler und von der Persönlichkeit des Verkäufers ab. Deshalb ist bei den Überlegungen zur Machtbalance stets auch das Buying Center einzubeziehen. Gute Fragetechniken sind eine wichtige Möglichkeit, die Psychologie und die Macht positiv zu beeinflussen.

Jedes Verkaufsgespräch enthält auch Anteile einer Verhandlung, deshalb gilt es auch dort Verhandlungstechniken anzuwenden. Achten Sie dabei auf die Kundentypen im Buying Center und berücksichtigen Sie die Machtbalance.

5.1.2 Positionen einer Verhandlung stärken

In diesem Teil zum Thema »Macht und Machtbalance« geht es darum, wie man in Zukunft seine Positionen in einer Verhandlung stärken kann, und zwar möglichst so, dass sich die Grundlagen der Verhandlung nicht ändern. Dabei sollte man sich fragen:

- Welche schwächenden Faktoren lassen sich verändern?
- Wie kann man seinem Vorgehen Kraft und Überzeugung verleihen?

Professionell und mit Liebe zum Detail vorbereitet zu sein, ist ein wichtiger Schlüssel, wenn Sie mehr Erfolg haben wollen. Ein Verkaufsprojekt von der Akquise bis zur Opportunity zu entwickeln, kostet viel Zeit und viele Ressourcen. Wenn sich Verkäufer auf solche Verhandlungen nicht optimal vorbereiten, ist das unprofessionell.

Die Einstellung »Das brauchen wir nicht speziell vorbereiten, das machen wir doch immer so.« ist nicht cool, sondern fast schon dumm. Sicher ist es eine Frage der Effizienz, professionell vorbereitet zu sein. Wenn Verkäufer besser werden sollen, dann sollten Sie mehr tun als bisher. Oder?

Verhandlungen sind da der richtige Ansatz. Unsere Checkliste zur Verhandlungsvorbereitung enthält auch diese Themen zur Vorbereitung und Reflektion. Sie finden sie hier: www.alphaSales.de/solution-selling-das-buch/.

Macht in Verhandlungen ist eine subjektive Bewertung
Wir haben schon festgestellt, dass Stärke oder Macht in Verhandlungen eine sehr subjektive Bewertung ist. Eine psychologische »Sache« oder eine Frage der richtigen Einstellung.

Objektiv ausgedrückt gilt:

> Wer die verhandelte Vereinbarung weniger benötigt, hat mehr Macht über seinen Verhandlungspartner.

Aber genau diese Einschätzung, ist äußerst subjektiv. Wie wollte man messen, wie sehr man das Verhandlungsergebnis benötigt. Dazu kommt die Frage, ob man diese Vereinbarung dringender benötigt als das Gegenüber in der Verhandlung. Selbst, wenn wir ein positives Ergebnis dringend benötigen, kann es doch sein, dass die andere Partei es noch nötiger braucht oder das zumindest glaubt. Entsprechendes haben wir in den Geschichten zum Mitarbeitergespräch dargestellt.

Und selbst, wenn wir das Ergebnis dringender benötigen, ist doch die Frage, ob wir uns das anmerken lassen. Es gibt genügend Gründe, optimistisch und sicher aufzutreten. Tun Sie das. Bringen Sie sich vor einer Verhandlung in einen mental starken Zustand.

! **Achtung**

Körpersprache kann verraten, was Sie Ihren Mund nicht sagen lassen. Psychologische Themen finden oft in der Körpersprache ihren Ausdruck. Deshalb sollten Sie für ein echtes gutes Gefühl sorgen. Stimmen Sie sich professionell ein. Reden Sie sich ein gutes Gefühl nicht nur ein. Arbeiten Sie daran, bis Sie die Stärke und das Selbstvertrauen haben. Bis es ein Grinsen in Ihr Gesicht treibt.

Der wichtigste »Trick« der Profis beim Verhandeln
Selbstsicheres Auftreten verbessert die Stärke in Verhandlungen. Damit meine ich kein künstlich lässiges oder gar überhebliches Auftreten. Vielmehr geht es darum, dass wir als Verhandler sicher und professionell sind und wissen, wie wir eine Verhandlung führen und das Harvard-Konzept umsetzen.

Unter anderem hilft es, wenn wir uns gute Alternativen zu einem Verhandlungsergebnis erarbeiten. BATNA nach dem Harvard-Konzept ist ein Mittel, um sich nicht selbst unter Druck zu setzen. Um mehr Sicherheit zu empfinden und auch sicherer zu sein, gilt es,

- eine positive Denkhaltung einzunehmen,
- Rückendeckung durch Vorgesetzte oder Ähnliches zu haben,
- BATNA nach dem Harvard-Konzept zu erarbeiten,
- sich sehr gut vorzubereiten – sachlich und mental.

Die sachliche und psychologisch-emotionale Vorbereitung ist der wichtigste »Trick« der Verhandlungsprofis. Außerdem ist ein Konzept gut, eines, wie das Harvard-Konzept.

Vorbereitung ist die wichtigste Verhandlungstechnik.

Gehen Sie die Verhandlung in Gedanken und auf der Basis einer Vorbereitungscheckliste professionell durch. Klären Sie für sich alle wichtigen Fragestellungen. Das verleiht Ihnen Sicherheit und Stärke im Auftreten. Die wichtigsten Punkte in der Vorbereitung sind:

- Ziele, Mindestziele und Ausstiegspunkte,
- Persönlichkeit/Kundentypen der Verhandlungspartner,
- Machtverhältnisse im Buying Center,
- Umgang mit Machtspielen der anderen,
- Argumentation der eigenen Positionen und Interessen,
- Interessen der anderen Seite, mögliche und bekannte,
- die entsprechenden Fragen und Fragetechniken,
- eigene Alternativen nach Harvard-Konzept (BATNA),
- Wert der eigenen Leistung für das Gegenüber,
- BATNA – die Alternativen des Gegenübers,
- notwendige Sachinformationen.

Diese Punkte können durch gute Vorbereitung sichergestellt werden. Sie verleihen dem Verkäufer in der Verhandlung Sicherheit und Stärke. Vorbereitung ist die wichtigste Verhandlungstechnik.

Die sachliche Vorbereitung ist natürlich von sehr großer Bedeutung, aber genauso wichtig ist die persönliche und psychologische Einstimmung auf die Verhandlung. Verhandler müssen sich um die eigene innere Haltung kümmern. Zumindest dann, wenn sie gewinnen wollen.

Die innere Haltung bestimmt die Ausstrahlung
Die Gefühle Angst und Unterlegenheit schwächen uns. Wenn ein Verhandler mit diesen Gefühlen in eine Verhandlung geht, hat er von vornherein die schwächere Position. Dieses Geschenk sollte man dem Gegenüber in einer Verhandlung nicht machen.

Emotionen werden durch Körpersprache ausgedrückt. Das Gegenüber kann die Ängste, den Ärger und die Unsicherheit spüren, auch wenn man gar nicht davon spricht.

»No Deal needed« – könnte die Grundhaltung sein, sagen die Amerikaner. Ganz bestimmt brauchen Verkäufer kein schlechtes Ergebnis einer Verhandlung. Ein Auftrag mit einem schlechten Preis macht nur Ärger. Selbst, wenn man nichts drauflegt, kann ein Auftrag im Solution Selling Geld kosten. Denn die Ressourcen sind limitiert. Während man die Maschine mit einem sehr geringen Deckungsbeitrag produziert, kann man keine andere bauen, die einen höheren Deckungsbeitrag hat. Verkäufer sollten an dieser Stelle Unterstützung durch die Geschäftsleitung erhalten.

Aber auch dann, wenn man einen Auftrag dringend braucht, darf man das in der Verhandlung nicht ausstrahlen. Sorgen Sie für eine starke innere Haltung.

BATNA ist Teil des Harvard-Konzepts und stärkt die innere Haltung. Wenn man sich vor Augen hält, dass es Alternativen gibt, kann man freier verhandeln – und strahlt das auch aus. Und genau das stärkt wiederum die eigene Position.

Kein Vertrag ist oft besser als ein schlechter Vertrag. Und wenn der schlechte Vertrag dann mit dem Wettbewerber geschlossen wird, kann das sogar ein Gewinn sein.

Verhandler brauchen Vertrauen und Rückendeckung
Wer verhandelt, braucht Selbstvertrauen, aber auch das Vertrauen und die Rückendeckung seiner »Auftraggeber«. Wenn der Vertriebsleiter einem Verkäufer im Nacken sitzt und unbedingt einen Auftrag fordert, schwächt das die Position des Verkäufers. Die vor einer Verhandlung gestellte Forderung »koste es was es wolle«, kann später sehr teuer werden. Unnötig teuer. Denn schon die eigene Seite hat die Machtbalance negativ beeinflusst.

> Dumm, teuer und unwürdig für eine Vertriebsorganisation.
> Und doch ist das der Alltag in Deutschland.

Genauso sehr belastet jedoch das Gefühl, wenn man als Verkäufer kein wettbewerbsfähiges Angebot machen kann. Wenn ein Verkäufer nicht an sein Angebot glaubt, kann er fast nur verlieren. Denken Sie an die Körpersprache, die immer die Emotionen ausdrückt. In einer solchen Situation sollte der Verkäufer möglicherweise nicht oder nicht allein bei einer Verhandlung antreten. Verkaufsprofis arbeiten in solchen Situationen an ihrer Einstellung oder wechseln den Job.

Gerade im Solution Selling müssen Verkäufer daran glauben, dass ihre Lösung das beste Angebot auf dem Markt ist. Selbst, wenn die Software mal in einem Qualitätstief steckt, müssen Verkäufer davon überzeugt sein, dass die Software plus das Know-how der Beratungskollegen das beste Angebot auf dem Markt ist. Und wenn die Qualität in Kürze wieder stimmt, dann ist es das beste Angebot im Universum. Oder sie müssen den Job wechseln.

Resümee – Mehr Macht und Stärke in einer Verhandlung
Gute Vorbereitung, sachlich und emotional, ist absolut notwendig, um professionell und stark zu verhandeln. Außerdem braucht es Vertrauen und Selbstvertrauen. Wenn diese fehlen, wird die Körpersprache uns verraten.

Was können Machtspiele in einer Verhandlung bedeuten?

In der Welt der Verkäufer gibt es eine Reihe von Geschichten über Machtspiele. Da werden Verkäufer mit komischen Argumenten hingehalten und müssen im Flur warten. In anderen Fällen wurden die Verhandler zwar in einen kleinen Besprechungsraum geführt, aber der Raum war sehr kalt. Außerdem ist die Ansage, »die Herren kommen gleich«, nach 20 Minuten nicht mehr wörtlich zu nehmen. Auch gibt es nette Geschichten, von sehr niedrigen Stühlen vor dem Schreibtisch des Einkäufers und Ähnliches mehr.

Aber, wie soll man damit umgehen, wenn es passiert? Das müssen Verkäufer unbedingt für sich klären. Wenn Sie sich für wichtige Hinweise zum Umgang mit Machtspielen in Verhandlungen interessieren, dann lesen Sie hier weiter.

5.1.3 Geschichte zu Machtspielen in Verhandlungen

In der Literatur taucht immer mal wieder die Geschichte einer australischen Delegation auf. Sie sollte in Japan einen Vertrag über große Kohlelieferungen verhandeln. Die Verhandlungen waren über mehrere Tage angesetzt und sollten am Freitag enden. Die Delegation flog an einem Dienstag nach Japan und wollte mit der ersten Maschine am folgenden Samstag zurückfliegen.

Als die Australier am Dienstag ankamen, wurden sie in ein Hotel weit außerhalb der Stadt gefahren. Dort sollten die Verhandlungen stattfinden. Am Mittwochvormittag kam endlich eine Nachricht der japanischen Delegation. Die Verhandlungen könnten leider erst am nächsten Tag beginnen. Der Verhandlungsführer sei kurzfristig erkrankt. Das war die Botschaft. Kurz und knapp. Das Team fühlte sich schlecht.

Auch den Donnerstag verbrachten die Australier im Hotel vor der Stadt und warteten. Sie überlegten immer wieder, ob sie nicht abreisen sollten. Aber das wäre unhöflich gewesen und sie hatten ja auch keinen Flug gebucht. Dann, am Freitag, wurden sie abgeholt. Deutlich nach Mittag. Aber Sie wurden nicht zum Verhandlungsort gebracht. Nach drei Stunden Fahrt fanden sich die Australier in einem Restaurant wieder. Es war zwar klar, dass die Japaner ein Spiel spielten, aber wie sollten die Australier nun reagieren? Was sollten sie tun?

Die Japaner entschuldigten sich wortreich und luden zu einem üppigen Mahl ein. Auch mit Reiswein wurde nicht gespart. Die Australier wiesen darauf hin, dass man doch noch verhandeln müsse. Die Japaner erwiderten, dass noch viele Stunden Zeit sei.

Die Australier waren Familienmenschen und wollten unbedingt am Samstag früh zurückfliegen. Das wussten die Japaner und setzten ihre Verhandlungspartner massiv unter Alkohol und zeitlichen Druck. So kamen sie zu einem sehr vorteilhaften Vertrag. Sie beherrschten das Spiel des Powerplays in Verhandlungen. Warum funktionierte das Spiel der Japaner? Was hat ihnen die Macht verliehen? Warum funktionieren Machtspiele in Verhandlungen überhaupt? Und das sogar in wichtigen Verhandlungen?

Zunächst ist eine kleine Verzögerung ja verzeihbar. Das kann schließlich mal passieren. Trotzdem zeigt sie die Machtverhältnisse deutlich auf. Mit jedem Zugeständnis ohne klare Reaktion werden die Machtverhältnisse offenkundiger und die Macht für beide Seiten körperlich fühlbar. Am Ende wird das direkt auf die Verhandlungen und ihre Inhalte übertragen.

Sie glauben, so etwas könne Ihnen nicht passieren? Ja, das glaube ich auch. Aber stimmt das im Ernstfall? Würden wir rechtzeitig und richtig reagieren? Haben Sie heute schon einen Plan dafür?

Stellen Sie sich vor, es geht um einen wirklich großen Auftrag. Der Chef, ein Minister, verabschiedet Sie mit den Worten:»Verbocken Sie das bloß nicht. Und denken Sie daran: Immer höflich bleiben, was immer passiert!« Wie reagieren Sie am Mittwoch, wenn Sie nicht abgeholt werden? Höflich, oder? So setzt sich das fort. Und genau so kann es zu solchen Situationen kommen.

Spannend an dieser Geschichte ist, dass Australien viele potenzielle Kunden im asiatischen Raum hatte. Japan musste unbedingt Kohle importieren. Der Hunger nach Energie war erheblich und wird auch in Zukunft groß sein. Kohle hätte zwar mit einem kürzeren Lieferweg aus China importiert werden können, aber die nicht gerade freundschaftlichen Beziehungen der beiden Länder verboten dies. Und die Kohle hätte ohnehin verschifft werden müssen. Trotzdem verhandelten die Japaner so, als hätten sie reichlich Alternativen gehabt. Sie haben einfach die mangelnde Erfahrung der australischen Verhandler ausgenutzt.

Das zeigt eindrücklich:

> Macht in Verhandlungen ist eine Frage der geistigen Verfassung, eine Frage der Einstellung und persönlicher Stärke. Aber auch eine Frage der Alternativen – alternativen Kunden und Alternativen im Vorgehen. Und immer eine Frage der optimalen Vorbereitung.
> Und der geistigen Flexibilität!

Umgang der Verhandlungsführung mit Machtspielen
Grundsätzliche Fragen wie zum Umgang mit Machtspielen müssen vor Verhandlungsbeginn geklärt sein. Das gehört zur Vorbereitung von Verhandlungen. Selbst die Argumentation für den Abbruch einer Verhandlung kann man im Vorfeld konzipieren. Diese Szenarien müssen bei solchen Verhandlungen vorab durchgespielt werden. Auf jeden Fall in einem Verhandlungstraining. Was hätten wir also in Japan getan? Wie wären wir gegen das Machtspiel »Verzögerung« vorgegangen?

Idealerweise hätte man spätestens am Donnerstag sehr früh den Weg zum Flughafen angetreten und wäre zurückgeflogen. Gleichzeitig hätte man die Japaner informiert. Man hätte sie wissen lassen, dass man sehr betrübt über die Erkrankung des Verhandlungsführers sei und dass man ihm eine gute und schnelle Genesung wünsche. Außerdem hätte man argumentiert, dass es wohl besser sei, zu warten, bis der japanische Verhandlungsführer wieder ganz gesund wäre. Die Zeit spielte schließlich für die Australier.

Dann hätte man die Japaner herzlich dazu eingeladen, die zweite Runde der Verhandlungen in Australien zu führen – als Gäste der Australier. Damit nicht nur die Japaner die Pflichten als Gastgeber tragen müssten.

Die Argumentation sollte vor allem den Verhandlungspartner im Blick haben. So halten es geschickte Verhandler. Sie stellen alles so dar, als wäre ihr Handeln vor allem für den Verhandlungspartner gut. Dabei machen sie auch deutlich, dass ihr eigenes Handeln keine Provokation darstellt. Aber auch keine beleidigte Reaktion. Vielmehr begründen sie sehr rational, die Abreise diene dem Schutz und Nutzen des Gastgebers. So behält man die Trümpfe in der Hand und ist wieder aus der Ecke draußen. Wie sehen Sie das?

Machtspiele! Spielen mit der Psychologie der Gegner
Mit dieser Botschaft hätten die Japaner plötzlich unter Druck gestanden. Denn sie haben die Kohle dringend benötigt. Außerdem hätten sie gelernt, bei kommenden Verhandlungen auf solche Spiele zu verzichten. Sie hätten erkannt, dass ihr Spiel durchschaut wurde und auch die Australier Machtspiele spielen können. In einem solchen Fall kann man auch darauf verzichten. Das ist eine sehr wichtige Regel des Harvard-Konzepts.

Ähnliche Konter sind bei zu niedrigen Stühlen möglich. Da kann man dann wegen Rückenschmerzen aufstehen und um Verständnis bitten. Und plötzlich ist man weiter oben als der sitzende Einkäufer – aus gutem Grund.

In der westeuropäischen Kultur kann man Machtspiele auch mal direkter entlarven als in Asien. Aber zu plump darf man auch hier nicht sein. Auch in Westeuropa will niemand sein Gesicht verlieren. Die Kommunikation muss stets höflich, die Botschaft jedoch unmissverständlich sein. Das beendet unnötige Spiele und demonstriert Kompetenz und Selbstvertrauen.

Können Machtspiele als Teil der Verhandlungstechniken auch nützlich sein?

Ja, das können sie. Wenn Sie sich über die Machtsituation nicht im Klaren sind, können Machtspiele dabei helfen, Klarheit zu erlangen. Sie können die Machtbalance in der Praxis testen. Wenn ein Interessent oder Kunde einen Termin haben möchte, können Sie versuchen, herauszufinden, wie dringend der Termin wirklich ist. Dafür können Sie zwei Termine zur Wahl anbieten. Einen sehr kurzfristigen und einen, der eher weit entfernt liegt. Auch wenn Ihr Kalender Ihnen mehr Möglichkeiten bieten würde. Das schafft Klarheit.

Aber mit Machtspielen darf man es nicht übertreiben, das verschlechtert das Klima. Mit guten Kunden kann man in aller Regel offen reden, weil man sich auf Augenhöhe begegnet.

Machtspiele in der Verhandlungsführung und »Principled Negotiations« nach dem Harvard-Konzept

Wenn mit Machtspielen beim Verhandeln übertrieben wird, kann es passieren, dass die andere Partei aus der Verhandlung aussteigt. Deshalb rät das Harvard-Konzept zu »Principled Negotiations« – an der Sache orientierte Verhandlungen.

Das Konzept empfiehlt, dass wir Verhandlungen führen, in denen man sich auch gegen Machtspiele wehrt, sich nicht weg duckt, auch nicht schleimig höflich drum herumredet, sondern die Störelemente offen und klar anspricht und dann weiterverhandelt. Das Harvard-Konzept ist da sehr klar. Aus meiner Sicht sogar wunderbar klar.

In meiner Praxis als Verkaufstrainer erlebe ich viele Verkäufer mit Erfahrung und viel Praxis, die diese Fragen über das Vorgehen in Situationen mit Machtspielen nicht geklärt haben. Und deshalb in einer solchen Situation unsicher sind. Schon dann hat die andere Seite gepunktet. Das ist vermeidbar.

Wenn Selbstbewusstsein schon in körperlichen Spielen, wie z. B. beim Fußball, so wichtig ist. Wie viel wichtiger ist das in Verhandlungen? Verhandlungen sind geistige Wettkämpfe. Deshalb ist der psychologische Zustand der Selbstsicherheit von sehr großer Bedeutung. Das Harvard-Konzept beleuchtet viele dieser Punkte sehr eindrücklich.

Aber: Das ist kein Aufruf zu unnötigen Machtspielen.

Machtspiele in Verhandlungen des Solution Selling

Wenn es um komplexe Lösungen geht, sollte es nur wenig Raum für Machtspiele geben. Einerseits sind sie unnötig und andererseits nicht so leicht möglich. Und doch werden Machtspiele gespielt – oft, weil sie nicht entlarvt werden.

Der Anbieter hat durch Machtspiele auf Dauer wenig zu gewinnen. Nach einer Reihe von Verkaufsgesprächen mit den Entscheidern im Buying Center sollten Verkäufer den Bedarf des Kunden kennen. Es sollte klar sein, wie dringend der Kunde die zu verhandelnde Lösung benötigt und was sie Wert ist.

Wenn doch Machtspiele im Solution Selling stattfinden, wurde meistens die Bedarfsanalyse oder die Buying-Center-Analyse vernachlässigt. Oder der Verkäufer fühlt sich aus einem anderen Grund schwächer und hat zu wenig Selbstbewusstsein.

Eine gute Bedarfsanalyse mit guter Fragetechnik und aktivem Zuhören sollte eine belastbare Grundlage für sachorientierte Verhandlungen sein. Außerdem geht es darum, engen Kontakt zum Buying Center zu halten und dann nicht unvorbereitet nur noch mit dem Einkauf zu verhandeln. Die Taktik des Einkaufs, am Ende mit zwei Angeboten zu wedeln, die beide von der Fachabteilung abgenickt wurden, ist längst bekannt. Meistens handelt es sich gar nicht um gleichwertige Lösungen und die Präferenzen der Betroffenen sind ebenfalls bekannt.

Aber gerade bei hochwertigen Investitionen sieht der Einkauf seine Chance, sein persönliches Ziel zu erreichen. Oft wird er an den Nachlässen gemessen, die er heraushandelt. Dass eine der Lösungen viel schlechter ist, ist für ihn ohne Bedeutung. Er muss nicht damit arbeiten und es wird sich nie wirklich beweisen lassen. Denn nur eine Lösung wird gekauft. Und beide Lösungen wurden von der Fachabteilung freigegeben. Das kann man in den Griff bekommen. Oder?

5.2 Die 11 Regeln im Preisgespräch

Einkäufer wollen im Preisgespräch die Möglichkeiten, die das Harvard-Konzept erarbeitet, möglichst ausschalten. Sie wollen nicht mehr über die Leistung und deren Bewertung sprechen. Sie wollen nur noch über den Preis und die Konditionen sprechen. Und das Ziel ist immer eindeutig. Es ist eher wie Seilziehen, kaum wie eine ernsthafte Verhandlung.

Diesem Wunsch der Einkäufer muss man als Verkäufer entgegenarbeiten. Wo das nicht möglich ist, helfen Regeln. Sie geben Orientierung und Halt. Diese 11 Regeln enthalten die wichtigsten Situationen in Preisverhandlungen.

5.2.1 Die 11 Regeln in Preisverhandlungen

Regel 1: Bereiten Sie sich professionell vor
- Bereiten Sie die Sachthemen vor,
- bereiten Sie sich auf die Menschen vor (Typologie),
- überprüfen Sie Ihre Einstellung (Sind Sie positiv eingestimmt?),
- wählen Sie eine Strategie (Ziel plus Weg).

Idealerweise nutzen Sie eine Vorbereitungscheckliste, um an alle Punkte zu denken. Eine solche Checkliste finden Sie hier: www.alphaSales.de/solution-selling-das-buch/.

Regel 2: Schaffen Sie möglichst eine positive Kommunikationsatmosphäre
Achten Sie auf die folgenden Punkte:
- Das Preisgespräch muss von Ernsthaftigkeit geprägt sein, also: wenig Lachen, keine Witze, keine Sprüche, eher Schweigen als »Plappern«.
- Die Kommunikation muss auf Augenhöhe stattfinden.
- Sie sollten keine unberechtigten oder veralteten Schuldzuweisungen akzeptieren oder gar austeilen.
- Sie dürfen die Verhandlungspartner nicht schlecht aussehen lassen.
- Kunde ist Partner, nicht König.
- Greifen Sie Verhandlungspartner niemals an. Überzeugen Sie mit rationalen und emotionalen Argumenten, die nachvollziehbar sind.

- Seien Sie konsequent sachlich, aber weichen Sie Machtspielen auch nicht aus.
- Bauen Sie Verbindlichkeit auf – machen Sie einen Agendavorschlag, definieren Sie Zeitrahmen.

Regel 3: Das Rabattthema muss vom Kunden eröffnet werden

Der Verkäufer sollte das Thema »Nachlass« nicht ansprechen, das macht es dem Kunden zu einfach. Wenn der Einwand »zu teuer« zu früh kommt, überhören wir ihn möglichst erst einmal, aber nur ein Mal.

Regel 4: Erkunden Sie die Preisorientierung

- Stellen Sie eine Gegenfrage: Warum, meinen Sie, dass wir zu teuer sind?
- Mit was vergleichen Sie uns?
- Verteidigen Sie nicht den Gesamtpreis – nur die Preisdifferenz.
- Nutzen Sie die Vorteilsargumentation im Vergleich zum Wettbewerbsangebot.

Regel 5: Verstehen Sie die Rabattfrage als eine Bitte um Argumente für den Preis – auch Einkäufer müssen sich rechtfertigen

- Warum sind unsere Produkte/Leistungen mehr Wert als die des Wettbewerbs?
- Welche (unsichtbaren) Leistungen sind enthalten?
- Welche Angebotselemente und Optionen enthält das Angebot? Klären Sie den Bedarf und Wert im Dialog.
- Setzen Sie die Nutzenargumente des Kunden ein, die Sie mit der Fragetechnik ermittelt haben.
- Rechnen Sie den Nutzen einer Entscheidung für den Kunden vor.
- Berechnen Sie den Return on Investment oder Ähnliches.

Regel 6: Preisreduktion möglichst nie ohne Gegenleistung

Geben Sie nicht nach, ohne etwas zu bekommen!

- »Mal angenommen, wir gehen auf den Preis ein, können wir den Auftrag dann heute mitnehmen?«
- »Bekommen wir dann einen höheren Lieferanteil?«
- »Ich kann nur etwas für Sie tun, wenn auch Sie etwas für mich tun können. Konkret hätte ich da diesen Wunsch ...«
- Kunden behaupten immer, dass es sich »lohnt«, ihnen Rabatt zu ge-

ben. Meistens hätten sie gerne einen Wechsel auf die Zukunft. Aber der Gegenwert muss klar sein:
- Zugang zur Macht oder
- Mengenvereinbarungen,
- Vorziehen der Bestellung,
- Bereitschaft zur Vollreferenz,
- Pressearbeit.

Regel 7: Formulieren Sie Angebote in Verhandlungen stets im Konjunktiv
Damit verhindern Sie bereits sprachlich, sich festzulegen.

Regel 8: Der Verkäufer muss den Schlussstrich ziehen und durchhalten
»Das ist mein letztes Angebot, ich möchte gerne mit Ihnen Geschäfte machen, aber ich möchte das nicht zu schlechten Konditionen.«

Der Kunde muss lernen, dass Sie für Ihren Preis kämpfen, weil Sie ihn für gerechtfertigt halten. Auf diesem Weg findet er auch heraus, was er wirklich will.

Ein Abbruch erfolgt, ohne beleidigt oder enttäuscht zu sein oder dem anderen die Schuld zuzuweisen. Betonen Sie wiederholt, wie gerne Sie mit diesem Kunden Geschäfte machen würden.

»Der Schwamm ist trocken.«

Regel 9: Beobachten Sie permanent das Kommunikationsklima und die Machtbalance
Versuchen Sie, gleichzeitig im Gespräch zu sein und das Gespräch aus der Metaebene zu »beobachten«.

Regel 10: Sprechen Sie immer wieder über die Interessen
Sprechen Sie die Ziele an, die der Kunden erreichen möchte, und die Bedingungen, zu denen wir ihn dabei unterstützen können. Erklären Sie die Gründe für diese Bedingungen. Machen Sie immer wieder deutlich, dass Sie bereit sind, für ein Win zu kämpfen. Das entspricht der Harvard Regel »Interessen vor Positionen«.

Regel 11: Achten Sie besonders auf die Beziehungsebene
Die Beziehungsebene ist oft der Schlüssel zum Erfolg in Verhandlungen.

»Herr Schröder, Sie können den Auftrag haben, wenn Sie auf diesen Preis eingehen können.« Mit einer Aussage, wie dieser können wir souverän entscheiden, ob wir den Auftrag wollen oder zu diesen schlechten Konditionen dem Wettbewerb überlassen.

So eine Last-Call-Option ist viel wert. Meistens hat sie viel mit der Beziehungsebene zu tun. Und diese ist vom Verkäufer direkt beeinflussbar.

5.2.2   Es sind 11 Regeln, nicht 11 Gesetze der Preisverhandlung

Diese 11 Regeln für Preisgespräche sollen Verhandlern Orientierung geben. Jeder weiß, dass solche Regeln nicht für jede einzelne Situation geeignet sind. Sie helfen dafür aber auch, die innere Haltung der Verkäufer zu klären.

Wer »die Dinge auf sich zukommen lässt«, der wird zu leicht zu einem Fähnchen im Wind. Wir alle haben die Neigung, eher nachzugeben als hart zu verhandeln. Immer in der Hoffnung, dass noch mehr Aufträge kommen.

5.2.3   Klarheit hilft auch dem Einkäufer, aber nicht immer

Bei einem kleineren bayerischen Unternehmen hatten wir uns eine Verkaufschance erarbeitet. Es ging um Software, einige Tage Beratung zur Integration in das ERP-System und wenige Tage für Schulung. Es war ein kleines Projekt, aber auch die haben wir gerne gemacht.

Der Auftrag sollte noch vor Weihnachten kommen und wir sollten dann bereits ab Anfang Januar an die Umsetzung gehen. Statt eines Auftrags kam am Freitag vor Weihnachten ein Anruf vom Einkäufer. Da sie noch Fragen hätten, wäre es schön, wenn ich nochmals ins Haus kommen könnte. Ich sagte diesem Einkäufer, den ich vorher noch nicht getroffen hatte, dass ich gerne kommen würde. Aber ich sagte ihm auch, dass ich nicht wüsste, welche Fragen noch offen sein könnten. Wir hatten ja einen erfolgreichen Proof of Concept durchgeführt.

»Doch, doch, wir haben noch Fragen«, antwortete der Einkäufer. »Okay«, sagte ich, »lassen Sie mich das nur sehr klar sagen, damit es keine Überraschungen gibt. Ich fahre nicht zwei Stunden durch Eis und Schnee, um dann nach einem Rabatt gefragt zu werden. Den Rabatt werde ich dann nämlich nicht geben, sondern aufstehen und gehen.« Ja, das hätte er jetzt klar verstanden, antwortete der Verkäufer. Daraufhin haben wir einen Termin für die nächste Woche, am Dienstag, zwei Tage vor Weihnachten, vereinbart.

Ich war zur vereinbarten Stunde beim Unternehmen. Alle Teammitglieder, der kaufmännische Leiter und der Einkäufer waren da. Ganz ungewohnt saßen wir uns frontal gegenüber. Der Einkäufer eröffnet mit Dank fürs Kommen und mit einem Hinweis auf die Chance, ein »Weihnachtsgeschenk« mitzunehmen. Mir schwante, was da kommen würde.

Verschiedene Teammitglieder stellten eher überflüssige Fragen, die ich höflich beantwortete. Nach der vierten oder fünften Frage meldete sich der Einkäufer zu Wort. Er fragte doch tatsächlich nach Möglichkeiten, den Preis zu senken. Ich sah ihn einen Moment lang schweigend an. Dann sagte ich zu ihm: »Sie wissen doch, was ich jetzt tun werde. Wir haben ja darüber gesprochen.« Dann nahm ich mein Köfferchen, legte meine Unterlagen hinein und blickte in die Runde. Ich sagte, dass das nun schade wäre, denn wir hätten das Projekt gerne gemacht, auch wenn es ein ganz kleines wäre. Die Herren (keine Damen im Raum) waren etwas irritiert und ich drehte mich um und ging zur Tür.

Als die Stimme des Einkäufers sich jetzt meldete, war sie eher bittend. »Herr Schröder, bitte setzen Sie sich doch noch mal hin und lassen Sie uns in Ruhe reden«. Ich sagte ihm, dass das ja nun schwierig sei, denn er hätte versprochen nicht über Preissenkungen zu reden und hätte es nun doch getan. »Über was könnten wir denn nun sinnvoll reden?«, fragte ich. »Geben Sie uns noch zehn Minuten«, antwortete er nun fast bettelnd. Ich setzte mich, bekam eine Erklärung für das ungeschickte und dreiste Spiel des Einkäufers.

Sehr spannend und beredt war das Grinsen mancher der Teammitglieder. Sie erzählten mir später, der Einkäufer hätte behauptet, dass er es schon schaffen würde, den Preis ans Budget anzupassen. Hätte er mir gleich am Telefon von seinem Problem erzählt, wäre ich offener für eine Lösung gewesen. Wenn ich dafür aber durch Schnee und Eis fahren muss, muss man auch dafür bezahlen.

Der wichtigste Punkt ist jedoch, dass ich die Macht auf meiner Seite hatte. Das Projektteam wollte die Lösung mit uns. Sie hatten Wettbewerber von uns getroffen und waren sich nun einig, dass wir die beste Alternative wären. Auf unserer Seite stand ich, der allein entscheiden durfte – und auch verzichten, wenn der Preis zu niedrig war.

5.3   Psychologie des Überzeugens

Robert Cialdini ist ein emeritierter Professor für Psychologie. Sein Leben lang hat er sich mit der Frage beschäftigt, wie man Menschen überzeugen kann. Er hat Thesen aufgestellt und überprüft, um die psychologischen Prinzipien des Überzeugens zu entschlüsseln.

In seinem großartigen Buch »Die Psychologie des Überzeugens« schreibt er über seine sechs Prinzipien. Ich glaube, in seinem Vorwort ein siebtes Prinzip entdeckt zu haben. Alle sieben können im Alltag des Vertriebs ganz praktisch genutzt werden.

5.3.1   Kunden überzeugen – mit den sieben psychologischen Prinzipien

Wenn Verkäufer die sieben Prinzipien in Ihre Verkaufsgespräche einbauen, werden Sie noch erfolgreicher verkaufen. Sie werden Kunden überzeugen, wirklich überzeugen, nicht überreden und diese Kunden werden in Zukunft gerne bei Ihnen kaufen. Das ist gerade im Solution Selling sehr wichtig. Bei diesen, meist großen, Projekten hilft Überreden gar nicht. Es ist sogar schädlich.

In einem Verkaufsgespräch zu überzeugen, ist im Vertrieb wichtig. Kunden gewinnen wir über den Kundennutzen und psychologisch richtiges Verhalten, sagt Robert Cialdini. Die sieben Prinzipien erfolgreicher Beeinflussung durch geeignete Gesprächsführung helfen uns dabei, die richtigen Punkte zu betonen.

Unser Hirn nutzt an vielen Stellen relativ fixe Verhaltensmuster als Reaktion auf Einflüsse von außen. Diese automatischen Reaktionen sind für uns Menschen in Stresssituationen wie bei Gefahren sehr wichtig, um unser Überleben zu sichern. Wenn vor langer Zeit ein Säbelzahntiger vor einem unserer Vorfahren stand, dann war es gut, wenn er nicht erst eine Checkliste durchgehen und einen Plan machen musste. Die Psychologie des Überzeugens erklärt uns diese unbewussten Verhaltensmuster und zeigt, wie wir sie in Zukunft für uns nutzen können.

Eines der längst bekannten fixen Verhaltensmuster wird durch das »Kindchenschema« ausgelöst. Der für Kinder typische relativ große Kopf, die hohe Stirn, die großen, runden Augen und die weichen Bäckchen lösen bei fast allen Menschen einen Beschützerinstinkt aus. Dieser Instinkt ist für das Überleben von Kleinkindern von großer Bedeutung. Über ihn wird auch das Überleben der Menschheit und damit die Zukunft dieser Welt gesichert.

5.3.2 Psychologische Automatismen positiv nutzen

Solche Programmierungen im Hirn gibt es an verschiedenen Stellen mit unterschiedlichen Zielsetzungen. Sie zu nutzen, ermöglicht die gezielte Beeinflussung anderer. Diese Möglichkeit, andere zu überzeugen, können Sie vielfältig positiv nutzen, z.B., um Ihr Kind dazu zu bewegen, sich besser auf eine Klassenarbeit vorzubereiten. Oder Sie können die Kraft der Psychologie des Überzeugens nutzen, damit Kinder gerne rechtzeitig zu Bett gehen.

Im beruflichen Kontext des Verkaufs ermöglicht die Kenntnis dieser Programme, die gezielte Beeinflussung von Kunden und Verhandlungspartnern. Als Verkäufer ist es wichtig diese Prinzipien zu kennen, denn sie wirken auch, wenn Sie sie unbewusst falsch, und damit zu Ihrem eigenen Nachteil, anwenden.

5.3.3 Begründen im Verkaufsgespräch – denn »Qualität hat seinen Preis«

»Alles hat seinen Preis«, ist einer der Lehrsätze, die jeder in seinem Leben schon gehört hat, und man kann dem sicher zustimmen. Diese und ähnliche Programmierungen oder Glaubenssätze führen dazu, dass fast alle Menschen auch an die Gleichung »hoher Preis = hohe Qualität« glauben.

Die Forscher haben auch herausgefunden, dass es hilft, wenn wir eine Bitte begründen. »Natürlich, das ist ja klar«, werden Sie sagen. Es ist jedoch überraschend, dass es fast egal ist, wie stichhaltig diese Begründungen sind. Viel wichtiger ist, dass ein Wort wie »weil« oder »deshalb« benutzt wird, das die Begründung anzeigt. Hier also eine automatisierte Reaktion auf das »Begründungswort«.

Ein ähnlich automatisiertes Verhalten zeigen wir gegenüber Experten oder Autoritäten. Wir tendieren sehr stark dazu, zu glauben, was man uns sagt. Zumindest aber bewirkt es, dass wir viel ernsthafter zuhören. Mitunter nur, weil der Gesprächspartner professionell auftritt und sich selbstbewusst als Autorität bezeichnet. Auch dann, wenn die Autorität noch gar nicht bewiesen wurde.

Ich erlebe es persönlich immer wieder, wie groß der Unterschied ist, ob ich mich im Seminar selbst vorstellen muss oder vom Auftraggeber als der führende Trainer für Solution Selling vorgestellt werde. Ein solcher Bonus hält natürlich nicht ewig. Aber bis zum Mittagessen habe ich dann Zeit, meine Kompetenz zu beweisen.

Wie könnten Sie zu Beginn einer Präsentation Ihre Autorität oder die Ihres Unternehmens dokumentieren oder bestätigen lassen?

5.3.4 Psychologische Ansätze helfen, Kunden zu überzeugen

Hier die sieben psychologischen Ansätze des Überzeugens:
- Kontrastprinzip,
- Reziprozität (Sonderform: Kontrastprinzip plus Reziprozität),

- Commitment und Konsistenz,
- soziale Bewährtheit,
- Sympathie,
- Autorität,
- Knappheit.

Diese Prinzipien lösen Automatismen im Hirn des Kunden aus und können sich positiv auf unsere Verkaufsaufgabe auswirken. Und manchmal hilft die Kenntnis der Prinzipien, Fehler zu vermeiden.

5.3.5 Das Kontrastprinzip und seine Anwendung im Verkaufsgespräch

Das Kontrastprinzip hat zunächst gar nichts mit Verkaufen zu tun. Es gilt generell für den Umgang unseres Gehirns mit Reizen und besagt, dass unser Hirn zwei kurz hintereinander folgende Reize

- vergleicht und
- den Unterschied anders wahrnimmt, als er realistischerweise ist.

Wenn Sie zwei Gewichte von 100 und 200 Gramm kurz hintereinander hochheben, werden Sie vor allem den »großen« Unterschied bemerken und gegebenenfalls äußern. Würde man diese Gewichte mit einer Woche Abstand anheben, würde man vermuten, dass sie etwa gleich schwer sind. Für die meisten Menschen sind 100 und 200 Gramm gefühlt eher gleich schwer. Außer, wenn Sie Trüffel kaufen und bezahlen müssen.

Sie kennen dieses Vergleichen und die unterschiedlichen Bewertungen auch bei Farben. Nicht nur, dass manche Farbkombinationen nicht als schön wahrgenommen werden. Ein und dieselbe Farbe sieht auf unterschiedlichem Hintergrund anders aus und wird als eine andere Farbe wahrgenommen. Das bedeutet, dass der Vergleich auch die Operanden verändert.

Wer gerade sehr intensiv über Zehntausende oder Millionen Euro nachgedacht oder damit gehandelt hat, für den sind 9 EUR für ein Speiseeis kein großer Betrag, und dies, so versichern uns die Wissenschaftler, auch dann, wenn die Werte gar nichts miteinander zu tun haben.

Das würde bedeuten, dass ein Autoverkäufer mit seinen Kunden nicht nur über eine Luxuslimousine sprechen sollte, sondern möglicherweise auch über Häuser oder Yachten und deren Preise. Hauptsache, die Zahlen sind sehr hoch. Ein inhaltlicher Zusammenhang muss nicht gegeben sein. Sie könnten auch über die 1.210.193.422 Inder sprechen, die es auf der Welt gibt. Der Betrag für einen Pkw der Mittelklasse würde sich auf jeden Fall als geringer darstellen.

Natürlich sollen Sie in Zukunft nicht über unsinnige Dinge sprechen. Es geht hier nur um das Prinzip. Und wir müssen es nicht ausreizen. Wir wollen Kunden überzeugen, nicht mit ihnen spielen oder sie übertölpeln.

Anzug oder Pullover – Überzeugen durch Kontrast
Wenn ein Kunde zu Ihnen kommt und zwei Dinge kaufen möchte, sagen wir einen guten Business-Anzug und einen Pullover, dann sollten Sie zunächst den Anzug verkaufen. Hat er erst einen Anzug für 600 EUR gekauft, fällt es ihm viel leichten den Kaschmir-Pullover für 120 EUR auch noch zu kaufen.

Würden Sie mit dem Pullover beginnen, läge die Obergrenze vielleicht bei Schurwolle für nur 70 EUR. Das könnte dann auch die psychologische Preisgrenze für den Anzug negativ beeinflussen. Der Kunde würde möglicherweise den billigeren Pullover und den einfacheren Anzug kaufen und nach kurzer Zeit mit der Wahl unglücklich sein. Kunden zu überzeugen, bedeutet häufig, dass wir ihnen im Verkaufsgespräch helfen, eine gute Entscheidung zu treffen.

Beispiel für psychologisch falsche Einflussnahme
Cialdini berichtet von einem Fall von Überbuchung bei einer Fluglinie. Um einige Passagiere dazu zu bewegen, einen späteren Flug am selben Tag zu nutzen, bot man ihnen eine Entschädigung an. Spaßeshalber fragte der Mitarbeiter der Fluglinie zunächst, wer bereit wäre, den Flug für 10.000 USD umzubuchen. Alle lachten.

Dann bot er sehr ernsthaft den üblichen Betrag von 200 USD an. Niemand reagierte. Er musste auf 300 USD erhöhen. Aber auch da fand er nicht genügend Menschen, die umgestiegen wären, und musste nochmals auf 500 USD erhöhen. Was denken Sie, wäre passiert, hätte der gute Mann zunächst

5 USD geboten. Ein teurer Spaß. Kunden zu überzeugen, geht besser. Wir kennen das aus Preisverhandlungen: Die erste Zahl setzt eine Marke, die sehr stark wirkt.

5.3.6 Fairer Einsatz psychologischer Ansätze im Verkauf

In Vertriebstrainings arbeiten wir intensiv daran, mit dem Kunden über diejenigen Kosten zu sprechen, die entstehen, wenn eine Investition nicht getätigt wird oder wenn gar ein qualitativ schlechteres Produkt gekauft würde. Besser jedoch wäre es, mit dem Kunden über die Marktchancen zu sprechen, die eine Investition ermöglicht.

Bedenkt man alle Auswirkungen, dann kommt man immer zu hohen Beträgen. Beträge für Einsparungen oder Marktchancen, die meistens sehr deutlich über dem Preis der Beschaffung liegen. Diese lassen dann das Angebot als relativ preiswert erscheinen. Und das ist es ja auch.

Mit diesen Opportunitätskosten haben wir einen sehr fairen und trotzdem wirksamen Ansatz. Die psychologische Wirkung des Kontrastprinzips lässt sich also auch ganz fair nutzen. Das ist ein guter Einstieg in eine langfristige Beziehung zum Kunden.

Wenn wir nur über den angebotenen Preis und die angebotene Leistung sprechen, hört sich das ja vernünftig an, aber, wenn wir an das Kontrastprinzip denken, reicht das eben nicht aus. Es braucht mehr, um den Kunden zu überzeugen. Immerhin können wir das Prinzip sehr gut nutzen. Wir helfen dem Kunden, sich leichter für unser Angebot zu entscheiden. Das bringt ihm eine gute Leistung und sichert bei uns Arbeitsplätze.

Nutzen wir das Kontrastprinzip nicht bewusst und gezielt, kann es allerdings auch gegen uns wirken. Dann wird der Kunde den Kontrast zum Wettbewerbsangebot hervorheben, das möglicherweise etwas billiger ist. Wenn es uns gelingt, das Kontrastprinzip in Zukunft richtig einzusetzen, werden Sie die Kunden besser steuern können. Dann wird der Kunde den Fokus auf die Fragestellung richten, ob die offerierte Lösung den erkannten Bedarf deckt oder sogar die hohen Erwartungen übertrifft. Noch wichtiger wird dann die

Frage, wer von den Anbietern das Ziel der hohen Rendite am ehesten erreicht. Für den Bau des Flughafens BER wäre es sicher preiswerter gewesen, nicht das billigste Angebot zu wählen.

Die wertorientierte Bedarfsanalyse nach der RABEN-Methodik hilft im Verkaufsgespräch, den Nutzen für den Kunden herauszuarbeiten und das Kontrastprinzip für leichtere Preisverhandlungen zu nutzen. Das meinen wir mit »Kunden überzeugen«. So kann die Psychologie des Überzeugens positiv genutzt werden.

Mit diesem Kapitel wollte ich Ihnen die psychologischen Prinzipien des Überzeugens nur an diesem einen Prinzip vorstellen. Alle diese Prinzipien werden die Verkaufschancen sehr positiv beeinflussen. Sie sollten ein Element in Ihrem Betriebssystem des Solution Selling sein. Mehr zu den genannten Prinzipien finden Sie im Buch von Cialdini, das Sie in der Bücherliste am Ende des Buches finden.

6 Strategisches und Praktisches für Führungskräfte im Solution Selling

Kapitel 6 beschäftigt sich mit eher strategischen Themen des Solution Selling und Themen für Führungskräfte. Es geht um strategische Blickwinkel auf die Vertriebsstrategie und ihre Folgen. Aber es geht auch um Praktisches wie das Vorgehensmodell und die Methoden, die vom Vertrieb eingesetzt werden sollten.

Es geht auch um die Frage, wie Profis im B2B-Vertrieb angemessen geführt werden können, insbesondere, wenn sie vom Home-Office aus arbeiten. Außerdem befassen wir uns mit der Frage, welche Verkäufer die richtigen für den Lösungsvertrieb sind. Müssen Verkäufer im Solution Selling andere Fähigkeiten mitbringen als im Produktvertrieb? Was wären die »richtigen« Verkäufer für diese Aufgabe?

6.1 Strategische Blickwinkel auf den B2B-Vertrieb

Welche Vertriebsstrategie ein Unternehmen nutzt, ist eine strategische Frage und hängt vor allem von zwei Faktoren ab:
- vom Markt, der bedient wird (Liefern wir an Unternehmen oder Konsumenten – also B2B oder B2C?), und
- von der Komplexität der Leistungen, und zwar von der vom Kunden empfundenen Komplexität (ein Pkw ist technisch gesehen ein sehr komplexes Produkt, aber viele Kunden reduzieren es auf eine Marke, PS-Zahl oder Farbe).

Wenn Sie im B2B-Segment verkaufen, dann müssen Sie immer noch eine Entscheidung darüber treffen, ob Ihre Leistungen komplex sind oder nicht, und dann eine Entscheidung für eine Vertriebsstrategie. Manchmal ist das schwierig, weil manche Unternehmen Leistungen in beiden Segmenten anbieten.

Besonders in dieser Situation ist es wichtig, sein eigenes Betriebssystem des Vertriebs zu definieren. Unternehmen haben die unterschiedlichsten

Mischungen. Manche haben Produkte, die überwiegend an Bestandskunden verkauft werden. Also klassisches Account-Management. Aber daneben werden die Produkte auch in hohen Stückzahlen in komplexe Projekte von Kunden verkauft. Das ist dann Projektvertrieb und hat eine ähnliche Komplexität, wie der Lösungsvertrieb.

Manche machen große Lösungsprojekte mit immer denselben Kunden, die nach einem Initialprojekt über Jahre weiterlaufen. Dann haben wir wieder typische Account-Management-Strukturen. Und dann gibt es natürlich die Sortenreinen Solution Seller. Unternehmen, die fast immer neue Lösungen an neue Kunden verkaufen. Das Konzept des Solution Selling ist nicht nur für diese Unternehmen relevant, sondern für alle, die einen nennenswerten Anteil an Solution Selling in ihrem Vertriebsmodell haben. Möglicherweise macht es bei den Mischsystemen Sinn, eine eigene Systematik zu definieren, ein eigenes Betriebssystem des Vertriebs. Das kann dann Account-Management mit Anteilen von Solution Selling sein oder Solution Selling mit Anteilen von Account-Management. Oder was immer Unternehmen hilft, mehr zu verkaufen.

Dieses Betriebssystem und seine Elemente und Methoden zu definieren, ist eine zentrale Aufgabe des Vertriebsmanagements. Zu dieser Aufgabe gehört es auch, dieses Betriebssystem zur Anwendung zu bringen. Es muss gelebt werden und es muss leben.

6.2 Vertrieb und Verkauf benötigen ein Betriebssystem

Das Betriebssystem des Vertriebs ist die Gesamtheit des Vertriebskonzepts und der bewusst gewählten Vertriebsmethoden einer Vertriebsorganisation. Peter Grimm hat den Begriff »Betriebssystem des Verkaufs« in seinem Buch »Der verratene Verkauf« geprägt. Seine Forderung war, dass es ein abgestimmtes Vorgehen und daraus eine gemeinsame Sprache geben solle. An beidem fehlt es auch heute noch fast überall.

Mit dem Konzept des Solution Selling wird ein bestimmtes Vorgehen definiert. Wenn die einzelnen Themen wie die Bedarfsanalyse, die Buying-Center-Analyse, der Vertriebsprozess und das Opportunity-Management spezifiziert sind, haben Vertriebsorganisationen ein Betriebssystem.

Wenn gleichzeitig auch wichtige andere Elemente des Vertriebs, wie eine Typologie zur Beschreibung von Menschen, eine Value Proposition zur Beschreibung des Kundenbedarfs und anderes wie der Elevator Pitch definiert sind, dann wird die Systematik richtig rund. Und dabei geht es nicht um einheitliche Floskeln, sondern um einheitliche Methoden, die auch noch auf hohem Niveau verwendet werden.

Die Gartner Group hat schon 2008 davon berichtet, dass Vertriebsorganisationen um etwa 40 % effizienter würden, wenn sie auf professionelle Methoden setzen würden.

> *Vorausgesetzt ist eine professionelle Implementierung und Steuerung*
> *der Verkaufsmethoden durch das Vertriebsmanagement.*
> Gartner Group

> *Professionelle Implementierung und Steuerung ...*
> *durch das Vertriebsmanagement bedeutet auch*
> *oder vor allem Führung. Im Gegensatz dazu höre ich noch immer viel zu*
> *oft: »Das sind Profis, die muss man nicht Führen.«*
> *Damit stehlen sich viele Vertriebsleiter aus der Verantwortung.*
> *Das sollte nicht sein. Wer mehr Aufträge gewinnen will,*
> *der sollte auch führen.*
> Gartner Group

6.2.1 Warum ein Betriebssystem zur Vertriebsteuerung?

Benötigt eine Vertriebsorganisation im B2B-Umfeld wirklich ein solches »Betriebssystem«? Eindeutig ja! Wir haben das in den ersten Kapiteln schon dargelegt. Im B2C- und C2C-Bereich werden »Vertriebssysteme« wie z.B. der Struktur- oder der Netzwerkvertrieb, längst erfolgreich genutzt. Aber im B2B-Bereich? Benötigt man dort nicht vor allem gute Produkte und Leistungen?

Nein, leider reicht das nicht aus. Um erfolgreich zu sein, benötigt man gute Leistungen und einen sehr guten Vertrieb. Kaum einer der großen Marktführer hatte je das beste Produkt oder die beste Leistung. Nicht IBM, nicht Microsoft, weder SAP noch die Allianz bieten die beste verfügbare Leistung an, und schon gar nicht das beste Preis-/Leistungsverhältnis. Aber sie alle sind vertrieblich ausgesprochen gut aufgestellt. Sie haben eine klare und vor allem zielorientierte Systematik, um ihre Vertriebsorganisationen zu steuern. Das genau fehlt vielen Unternehmen im Solution Selling. Meistens wird von Fachleuten an Fachleute verkauft – leider ohne viel Vertriebswissen aufzubauen.

Heute ist der Umsatzbericht das am meisten genutzte Steuerungsinstrument im Vertrieb. Fortschrittlichere Unternehmen nutzen eine DB-Betrachtung. Umsatzberichte wie auch die DB-Betrachtungen sind aber rückwärtsgewandte Sichten. Sie beleuchten einen bereits abgeschlossenen Zeitraum. Die Geschehnisse lassen sich nicht mehr verändern. Umsatz ist Historie. Damit scheiden diese Instrumente als flexible Steuerungsinstrumente zur operativen und praktischen »Vertriebs-«Steuerung im Solution Selling komplett aus. Es braucht also andere Kennzahlen.

Das Vorgehen der Verkäufer im Solution Selling lässt sich nicht mit Umsatzberichten steuern.

Mit einem Betriebssystem wollen wir aktiv Einfluss nehmen. Es soll beim Gestalten helfen und den Markterfolg unterstützen. Es muss also Einfluss auf die Zukunft, auf zukünftiges verkäuferisches Handeln und zukünftige Umsätze nehmen. Deshalb müssen dort Kennzahlen eine Rolle spielen, die als Meilensteine vor der Kaufentscheidung des Kunden liegen. Dieses Thema haben wir in Kapitel 6.7 behandelt.

Ein Betriebssystem des Vertriebs plus Opportunity-Management bietet genau diese Betrachtung für das Solution Selling. Es hilft, die idealen Kennzahlen zu definieren und damit die Verkaufschancen zu analysieren, um den Verkaufsprozess zu steuern. Damit ähnelt es dem Account Planning, das den Vertriebsprozess entsprechend im Produktvertrieb unterstützt. Und es ähnelt auch dem Projektmanagement, das Realisierungsprojekte steuert.

Warum muss der Lösungsvertrieb anders behandelt werden? Was sind die spezifischen Herausforderungen? Lassen Sie mich die wichtigsten Punkte hier noch mal wiederholen:

- langwierige und intransparente Entscheidungsprozesse,
- mehrere Beteiligte sowohl auf der Kundenseite (Buying Center) als auch auf der Anbieterseite,
- der Kauf beeinflusst die Geschäftstätigkeit des Kunden und ist deshalb von großer Bedeutung,
- hohe finanzielle und meistens langfristige Bindung des Kunden,
- wenige, aber hochvolumige Umsatzchancen pro Verkäufer und Jahr,
- teurer Einsatz notwendiger Ressourcen wie Pre-Sales-Consulting, Konstruktion und Proof of Concept,
- technisch orientierte Verkäufer (oft gewinnt der bessere Verkäufer trotz schlechterer Lösung).

Wenn die Betrachtung des Umsatzes das Führen durch den Rückspiegel darstellt, welche anderen Möglichkeiten stehen uns zur proaktiven Führung des Vertriebs zur Verfügung?

6.2.2   Umsatz ist die falsche Kennzahl im Solution Selling

In anderen Bereichen kann man mit Umsatzberichten doch ganz gut führen. Warum nicht im Solution Selling?

Lassen Sie uns einen Blick auf die aktuelle Situation im Maschinenbau werfen. Auf der AMB 2018 haben mir einige Vertriebsleiter von langen, teils sehr langen Lieferzeiten erzählt. Wer heute einen Auftrag erteilt, wird teils Ende 2019 seine neue Maschine erhalten. Gleichzeitig gehen wir von sechs bis 36 Monaten für den Vertriebsprozess aus – also vom ersten Gespräch bis zur Erteilung des Auftrags. Im Mittel sind es etwa zwölf Monate. Nehmen wir noch mal zwölf Monate Lieferzeit hinzu, dann dauert es 24 Monate, bis wir den Umsatz abschließend kennen. Und dieser sagt nichts mehr darüber aus, ob wir genügend Leads haben oder die Pipeline angemessen gefüllt ist. Schon die Zahl Auftragseingang ist eine mit zu viel Verzögerung.

Bei Produkten, die regelmäßig gekauft und mehrfach im Jahr bestellt werden, ist das anders. Sind die Vertriebszyklen kürzer, ist der Umsatzbericht oder der Auftragseingang als Kennzahl gut geeignet.

Deshalb ist ein Betriebssystem notwendig, das den Vertriebsprozess transparent und den Status auf den verschiedenen Stufen messbar macht. Und es braucht eine andere Herangehensweise. Im Solution Selling sind die einzelnen Aufträge von großer Bedeutung. In vielen Unternehmen genügt es, wenn die Verkäufer zehn dieser großen Projekte im Jahr abschließen. Ich habe einen Kunden, da genügen sogar vier Abschlüsse, um die Ziele zu erreichen. Und damit sind die Verkäufer sehr gut beschäftigt. Es muss um jede Opportunity, jede Verkaufschance gekämpft werden.

Deshalb müssen die einzelnen Verkaufschancen auch im Mittelpunkt der Vertriebssteuerung stehen. Dafür ist das Opportunity-Management das ideale Instrument.

6.3 Opportunity-Management als Führungssystem

Im Folgenden geht es um Opportunity-Management als Führungssystem im Solution Selling. Es geht darum, mehr Verkaufschancen komplexer Lösungen strukturiert zum Erfolg zu führen.

Das Projektmanagement hält Vorgehensmodelle bereit, damit Projekte zu einem Erfolg werden. Ganz ähnlich hilft das Opportunity-Management durch seine Systematik, mehr Verkaufschancen in Aufträge und Umsätze zu verwandeln. Außerdem hilft es, den Ressourceneinsatz zu verringern. Die Systematik des Solution Selling ist der Schlüssel, um ein gesundes Umsatzwachstum anzustoßen.

Hier geht es speziell darum, wie Opportunity-Management als Führungsinstrument genutzt werden kann.

6.3.1 Chancen und Kriterien der Bewertung stehen im Fokus

Im Lösungsvertrieb müssen die einzelnen Verkaufsprojekte, die Opportunities oder Chancen, im Vordergrund stehen. Jeder Verkäufer hat nur wenige große Projekte, die über seine Zielerreichung entscheiden. Die Vertriebssteuerung soll sicherstellen, dass jeder Verkäufer sich auf die richtigen Opportunities fokussiert und genügend der Verkaufsprojekte gewonnen werden. Es darf nicht zu viel Kraft in Opportunities mit geringen Chancen fließen. Je nach Entwicklung von Verkaufschancen muss man schnell agieren, Aktivitäten ausdehnen oder sich von Chancen verabschieden. Und natürlich geht es darum, mit den Abschlüssen einen attraktiven Deckungsbeitrag zu erwirtschaften.

Opportunity-Management als Führungssystem des Vertriebs stellt sicher, dass die Verkäufer wie auch der Sales Support auf die Verbesserung der wichtigen Chancen fokussiert sind. Ein streng zielorientiertes Vorgehen ist zwingend, da die Ressourcen in der Regel knapp und teuer sind. Und deshalb restriktiv eingesetzt werden müssen.

Die Verkaufschancen müssen einerseits von einer Verkaufsphase in die nächste vorangebracht werden. Andererseits nimmt der Aufwand von Phase zu Phase zu, weshalb nur diejenigen Chancen mit einer realistischen Abschlusswahrscheinlichkeit vorangebracht werden sollten. Mindestens sollten die Verkaufschancen mit geringer Wahrscheinlichkeit aussortiert werden. Monat für Monat müssen deshalb alle Verkaufsprojekte auf den Prüfstand. Diesen monatlichen Prüfstand sehen wir auch als das ideale Führungsinstrument. Der Vertriebsleiter erfährt dabei nicht nur etwas über die einzelnen Chancen, sondern auch über jeden seiner Verkäufer.

Dabei sollten die Opportunities nach folgenden Kriterien begutachtet und bewertet werden:
- Volumen,
- Passgenauigkeit von Anforderung und Lösung,
- Bekanntheitsgrad des Buying Centers und Beziehungsstärke zu diesem,
- innere Struktur der Buying Center,
- Status im Verkaufsprozess,
- Übereinstimmung von Beschaffungs- und Verkaufsprozess,

- Dringlichkeit der Beschaffung für den Kunden (Zeitpläne),
- Abschlusswahrscheinlichkeit,
- Ressourcenaufwand bis zum Verkaufsabschluss,
- besondere individuelle Gesichtspunkte.

Diese Projektbesprechungen finden heute in der Regel im Rahmen eines Vertriebsmeetings statt. Davon ist jedoch ganz entschieden abzuraten. Das Vorgehen im Vertriebsmeeting kann nicht mehr als einen Überblick geben. Was jedoch gebraucht wird, ist die detaillierte Besprechung jeder einzelnen Opportunity.

Deshalb sollte der Vertriebsleiter mindesten einmal im Monat mit jedem der Vertriebsmitarbeiter einzeln und intensiv sprechen und ihr Projekt im Detail beleuchten. Damit würde er auch seiner Führungsrolle gerecht werden. Dieses »Opportunity Coaching« als Teil des Opportunity-Managements ermöglicht bei Mitarbeitern im Außendienst, qualifiziert Einfluss auf den Verkaufsstil zu nehmen, ohne die Mitarbeiter unnötig zu gängeln.

6.3.2   Opportunity Coaching und weiteres Vorgehen

Als Opportunity Coaching bezeichnen wir die monatliche Besprechung aller laufenden Verkaufschancen eines Verkäufers. Die Verkaufsprojekte im Lösungsvertrieb haben regelmäßig Verkaufszyklen von sechs bis 36 Monaten. Deshalb wäre eine wöchentliche Besprechung unnötig häufig, eine vierteljährliche aber zu selten, um angemessen Einfluss nehmen zu können.

Opportunity Coaching ist gleichzeitig ein Führungsgespräch und findet deshalb typischerweise unter vier Augen statt. Das Vier-Augen-Prinzip gilt auch dann, wenn ein externer Coach diese Aufgabe übernimmt.

Nach den oben skizzierten Kriterien werden die einzelnen Projekte und deren Veränderung seit dem letzten Gespräch betrachtet. Der Vertriebsleiter oder Coach übernimmt hier die Rolle des freundlichen Sparringspartners. Er durchleuchtet die Verkaufsprojekte, um angemessene Sicherheit über den Status, die Chancen und die Abschlusswahrscheinlichkeiten der Projekte zu erhalten. Das ist besonders wichtig, weil im nächsten Schritt das weitere

Vorgehen geplant wird, was meistens mit einem weiteren Ressourceneinsatz einhergeht. Auch die Zeit des Verkäufers ist eine Ressource, mit der wir sorgfältig umgehen müssen.

> Die Zeiten des »Mach dir frohe Stunden, fahr zum Kunden«, sind vorbei. Verkäufer müssen ihre Zeit effektiv nutzen.

Die Fragen, die immer wieder beantwortet werden müssen, sind:

- Wird sich das auszahlen?
- Sollten wir diese Ressourcen in andere Verkaufsprojekte mit besseren Chancen investieren?
- Wie können wir die Ernsthaftigkeit des Kunden sicherstellen, bevor wir investieren?
- Gibt es Anzeichen, dass »Lost to no decision« der Ausgang sein könnte?
- Wie können wir die Chancen wirklich verbessern?
- Wissen wir alles, was wir über dieses Projekt wissen können?
- Wie sollten wir uns verhalten? Welche Maßnahmen ergreifen?
- Was ist die Strategie und was der nächste Schritt?

Mit diesen Opportunity-Coaching-Gesprächen können Vertriebsleiter zu einer wertvollen und geschätzten Ressource für die Verkäufer werden. Gleichzeitig unterstützt der Vertriebsleiter nachhaltig die Entwicklung seiner Verkäufer und verhindert die Erosion vorhandener Fähigkeiten.

Stellen der Vertriebsleiter und der Vertriebsmitarbeiter (Coachee) gemeinsam fest, dass bestimmte erwünschte Verhaltensweisen noch ungenügend entwickelt sind, wird das schnell dazu führen, dass sich ein optimiertes Verhalten einstellt. Kann der Verkäufer regelmäßig nicht alle wichtigen Fragen zu einem Projekt beantworten, wird er sich angewöhnen, den Kunden mehr Fragen zu stellen. Nach einer kurzen Zeit der Gewöhnung verinnerlichen auch neue Mitarbeiter diese strukturierte und konsequente Arbeitsweise.

Neben der Standortbestimmung in einem Projekt ist die Frage nach den angemessenen weiteren Schritten und Maßnahmen von zentraler Bedeutung. Dabei sollte sich der Vertriebsleiter zurückhalten und nur auf Nachfrage Vorschläge machen. Der Verkäufer ist hier in der Pflicht, seinen Plan zu präsentieren. Der Coach sollte sich zunächst darauf fokussieren, Fragen zu stellen und die Projekte zu durchleuchten. Die Vorgehensweise soll schließlich zum Verkäufer passen, der selbstständig arbeiten und nicht die Ideen des Chefs ausführen soll.

Der Mitarbeiter soll durch das Opportunity Coaching einmal im Monat Bestätigung und Unterstützung erfahren. Er darf den Termin nicht fürchten, weil er z. B. jedes Mal wie ein dummer Schuljunge belehrt und seine Arbeit in Zweifel gezogen wird. Er sollte dabei eher Bestätigung und einen anregenden Austausch auf Augenhöhe finden.

Werden Missstände wie fehlende Informationen oder inadäquate Vorgehensweisen festgestellt, ist darauf zu achten, dass sie zwar offen, aber mit der notwendigen Wertschätzung kommuniziert werden. Diese Kritikgespräche dürfen nicht unnötig verschoben werden, sonst stauen sie sich auf und die wichtigen Lehren werden zu spät gezogen. Die Defizite müssen angesprochen werden, sobald sie offenkundig sind. Insbesondere sollten die Verkäufer nach kurzer Zeit dazu in der Lage sein, alle Fragen zur Verkaufsprojektbewertung (s. o.) beantworten zu können.

Aber Achtung! Viele Verkäufer arbeiten anders als der Vertriebsleiter es früher getan hat oder hätte und auch wie andere Verkäufer es tun. Das bedeutet noch nicht, dass sie falsch handeln. Jeder entwickelt seinen eigenen Stil. Die Frage ist: Ist dieser Stil angemessen und erfolgreich? Enthält er Systematik?

Welchen Verkaufsstil ein Verkäufer einsetzt, ist nicht der entscheidende Punkt, sondern ob er einen möglichst hohen Anteil an Projekten gewinnt. Außerdem müssen wir dringend auf den Ressourceneinsatz und damit auf die Vertriebskosten achten. Das bedeutet, dass wir unabhängig vom Verkaufsstil, die oben genannten Fragen zu jedem Projekt beantworten können.

Das Opportunity Coaching sollte Verkäufer nicht einengen, sondern vielmehr weitere Möglichkeiten aufzeigen. Es sollte Verkäufer auf die wichtigen Ziele und Zwischenziele im Verkaufsprojekt fokussieren. Wenn die Ziele gemeinsam definiert sind und die Erreichung stets überprüft wird, kann der

Verkäufer den Weg selbst wählen. Oder er holt sich vom Vertriebsleiter bzw. Coach neue Anregungen.

Ziel: Durch das Opportunity Coaching lernen die Verkäufer:

- Analyse ihrer Verkaufschancen mit System,
- realistische Einschätzung der Wahrscheinlichkeit,
- Qualifizierung der Verkaufsprojekte mit der RABEN-Methode,
- gezielter Einsatz der Bedarfsanalyse,
- Nutzung der Buying-Center-Analyse,
- systematische Suche nach dem Power Sponsor oder dem »Genehmiger«,
- Entwicklung einer projektspezifischen Strategie,
- Fokus auf die wirklichen Chancen.

Wenn dies gelingt, dann erhalten Sie als Unternehmen:

- bessere Qualität der Prognose, also einen belastbaren Sales Forecast,
- geringere Vertriebskosten und
- mehr Verkaufsabschlüsse.

Sie sehen: Dieser Aufwand wird sich sehr wahrscheinlich auszahlen. Es wird Ihre Vertriebspower deutlich erhöhen.

6.3.3 Das Ressourcen Board

Die Vergabe von Ressourcen wie Pre-Sales-Beratungen, Konstruktionsleistungen, Kalkulationen oder technische Präsentationen ist erfolgskritisch. In aller Regel sind diese Ressourcen nicht im Überfluss vorhanden und werden den einzelnen Opportunities, nach nicht näher definierten Regeln, zugewiesen. Häufig gibt es nur das Kriterium »potenzielles Umsatzvolumen«.

Ich selbst habe erlebt, wie ein Kollege bei Unternehmen mit großen Namen akquiriert hat und die besten Ressourcen zugewiesen bekam. Über zwei Jahre hat er sie immer wieder bekommen, obwohl er kein einziges Projekt abgeschlossen hat. Gleichzeitig gewann ein anderer Verkäufer mit der zweiten Garde des Sales Supports respektable Aufträge bei »kleineren« Unternehmen. Erst dann hat die Geschäftsleitung darauf geachtet, ob diese Ressourcen auch nach anderen objektiven Kriterien gut investiert waren.

Wenn es wichtig ist, dass Ressourcen optimal eingesetzt werden, sollte sich die Vertriebsleitung regelmäßig mit den Verkäufern und den Ressourcenvertretern zusammensetzen. Dabei werden die anstehenden Projekte gemeinsam besprochen und deren Ressourcenbedarf beleuchtet. Die oben genannten Kriterien helfen dabei, diejenigen Chancen zu ermitteln, die die höchste Wahrscheinlichkeit auf einen erfolgreichen Abschluss bieten.

Die Entscheiderrunde ist immens hilfreich, weil die einzelnen Beteiligten selten völlig sachlich und neutral entscheiden. Der Verkäufer sieht seine Projekte immer als besonders förderungswürdig. Der Vertriebsleiter hat seine Lieblinge unter den Verkäufern oder auch unter den Kunden. Zwischen Verkäufern und Pre-Sales gibt es hin und wieder Kommunikationsstörungen, weil die Verkäufer »komische Projekte anschleppen« oder die Pre-Seller »die Projekte versauen«.

»Natürlich« wird ein Projekt nicht verloren, weil der Verkäufer das Buying Center nicht ausreichend erkannt hat. Nein, die Ausrede lautet eher, »weil die technische Verkaufspräsentation« oder »das Angebot der Kalkulation« nicht gut genug war. Durch das Ressourcen-Board wird die Ressourcenzuteilung versachlicht.

Die gemeinsame Entscheidung soll alle Beteiligten für das Projekt gewinnen und einen. Es sollen alle Informationen ausgetauscht und fehlende Informationen definiert werden. Die gemeinsame Abstimmung des Aktionsplans stellt sicher, dass der Anbieter optimal und einheitlich argumentiert und agiert. Der Grad des Formalismus dieser Runde sollte dem Bedarf und Ihrer Organisation gerecht werden.

6.3.4 Systematisieren Sie Ihren Lösungsvertrieb

Verkaufen ist keine künstlerische Tätigkeit. Es erfordert Kreativität und Ideenreichtum, aber auch systematisches Arbeiten und strukturiertes Vorgehen sind zwingende Notwendigkeiten.

Mit einem Betriebssystem des Vertriebs und dem Opportunity-Management als Steuerung, können Sie Kriterien und Strukturen zur Führung Ihres Vertriebs definieren. Kriterien also, die für Ihren Markt und Ihr Segment passend sind. Wie genau Sie das Opportunity Coaching etablieren und ob Sie mit Ressourcen-Boards arbeiten, hängt von Ihren Bedürfnissen und denen Ihres Markts und Ihres Unternehmens ab.

Lassen Sie sich dazu ermutigen, die Kriterien für die Bewertung von Verkaufschancen zu definieren und durch Ihren Führungsstil zu leben. Neben Opportunity Coaching sollten Sie Ihre Verkäufer auch bei Kunden erleben. Begleiten Sie sie bei Erstkontakten, bei Konzeptpräsentationen und auch bei Abschlussverhandlungen. Übernehmen Sie diese Gespräche jedoch nicht, sondern definieren Sie für sich eine passivere Rolle. Übernehmen Sie allenfalls die Unternehmensvorstellung am Anfang oder den Small Talk. Denn Sie wollen ja den Verkäufer beobachten und ihm wichtiges Feedback geben, damit er seinen Verkaufsstil weiter verbessern kann.

6.3.5 Nutzen des Opportunity-Managements

Die Gardner Group sagt, dass Unternehmen, die standardisierte Vertriebsprozesse und Verkaufsmethoden eingeführt haben und gezielt leben, die Produktivität gegenüber ihren Wettbewerbern um 40 % erhöhen. Unsere Beobachtungen zeigen, dass die Konzentration auf die wichtigen Kriterien und die richtigen Projekte leicht 20 % bist 30 % mehr Umsatz bringen kann.

Gemäß einer spannenden Untersuchung der Infoteam AG in der Schweiz, scheitern acht von zehn Verkaufsprojekten an den folgenden Gründen:

- Die wirklichen Entscheidungsträger wurden zu spät oder nicht identifiziert.
- Verkäufer konzentrierten sich auf die falschen Personen, obwohl sie die Entscheider kannten.
- Ressourcen wurden wegen falscher Projektqualifikation verschwendet.
- Das Vertriebsteam war schlecht koordiniert.

Gut möglich, dass diese Themen auch zusammenhängen. Wer nicht die richtigen Personen kennt, weiß auch nichts über die wichtigen Kriterien. Und er kennt auch die Entscheider nicht.

Mehr Umsatz und geringerer Ressourcenverbrauch ist der Lohn, der demjenigen winkt, der seine Vertriebsorganisation infrage stellt und möglicherweise verändert. Das ist nie ein Spaziergang.

Die Ideen und Werkzeuge sind verfügbar. Nutzen Sie diese Chance, damit der Vertrieb so gut oder besser wird, wie Ihre Produkte. Denn in der Zukunft wird es schwer sein, immer die besten Lösungen anbieten zu können. Gute Lösungen und Spitzenverkäufer würden dann helfen können.

Sie wollen doch besser werden im Vertrieb. Oder warum lesen Sie dieses Buch?

6.4 Vertriebsprozesse im Solution Selling aktiv gestalten

Die meisten Vertriebsprozesse beginnen erst mit der Eingabe in das ERP-System. Die meisten Vertriebsprozesse beginnen also mit der Eingabe des Auftrags. Das ist insofern lustig, als dass dann der schwierige Teil bereits erledigt ist. Aber natürlich ist es ab diesem Zeitpunkt einfacher, einen Prozess zu definieren.

Trotzdem fordere ich einen Vertriebsprozess für die Phase der Auftragsgewinnung, also für die eigentliche Vertriebsarbeit. Dadurch lassen sich mehr Projekte gewinnen und das Vorgehen bewusster und gezielter steuern. Der Vertrieb entwickelt sich weg von der künstlerischen Tätigkeit hin zu einem systematischen und professionellen Vorgehen.

Wenn Sie jetzt mit der Definition Ihres Vertriebsprozesses beginnen, dann beschreiben Sie doch zunächst das aktuelle Vorgehen. Ob Sie das frei Hand oder als Flussdiagramm nach Norm oder gar mit Swimlanes machen, ist nicht wichtig. Wichtig hingegen ist, dass Sie sich das Vorgehen bewusst machen. Dann können sie sich immer noch fragen, ob das der ideale Weg, das ideale Vorgehen ist. Schon mit dieser Frage haben Sie damit begonnen, den Prozess zu verbessern.

Ein Vertriebsprozess ist auch nicht als der einzige gangbare Weg gedacht. Vielmehr soll er ein bewusstes und zielorientiertes Vorgehen befördern.

Außerdem lässt sich ein Prozess nur verbessern, wenn er bereits beschrieben wurde.

6.4.1 So könnte ein Prozess vereinfacht aussehen.

So sehr mir ein Prozess wichtig ist, so sehr misstraue ich einem zu komplexen Vertriebsprozess. Die 24 Einzelschritte, die ich schon gesehen habe, sind mir suspekt, können aber in Ihrem Markt genau richtig sein. Auch wenn Sie Ihren idealen Prozess definiert haben, wird er nicht sklavisch genau so umgesetzt, aber er gibt der Vertriebsleitung und den Verkäufern Orientierung.

Wenn so ein Prozess erst einmal lebt und gelebt wird, dann werden Sie ihn mit der Zeit verändern, weil Sie neue Erkenntnisse haben, durch die Sie das Vorgehen optimieren und noch mehr Aufträge gewinnen können.

Hier stelle ich Ihnen ein Beispiel für einen vereinfachten Vertriebsprozess für das Solution Selling vor.

Abb. 8: Vereinfachter Vertriebsprozess für das Solution Selling

Dieser Prozess ist sehr schlicht:
1. Lead-Generierung,
2. Bedarfsanalyse,
3. Konzeption und Verhandlung,
4. Verhandlung und Abschluss,
5. After-Sales-Betreuung.

Der hier dargestellte Prozess macht deutlich, was die großen Aufgaben im Solution Selling sind. Dieser Prozess lässt sich natürlich leicht ausbauen – Referenzbesuch, Proof of Concept und andere Schritte lassen sich leicht einfügen. Diese Struktur können wir sowohl für die interne als auch für die externe Betrachtung nutzen.

Externe Betrachtung – Synchronisation mit dem Beschaffungsprozess
Wenn wir einen definierten Vertriebsprozess vor Augen haben, gibt uns das die Möglichkeit, ihn mit dem Beschaffungsprozess des Kunden abzugleichen. Dieser könnte grob so aussehen:

- Sichtung,
- Shortlistanalyse,
- Konzeption,
- Lösungsauswahl,
- Verhandlung,
- Implementierung.

Wenn die beiden Prozesse nicht synchron sind, ist das schlecht. Es erzeugt immer ein schlechtes Gefühl beim Kunden und wir verlieren Verkaufschancen. Sind wir im Vertriebsprozess deutlich vor dem Beschaffungsprozess, dann kann es sein, dass der Interessent sich unter Druck fühlt. Denn er ist noch nicht so weit.

Hinkt der Verkäufer dem Beschaffungsprozess hinterher, hat der Kunde das Gefühl, dass er den Hund zum Jagen tragen muss. Der Verkäufer wird später sagen, dass der Deal ganz plötzlich und unerwartet mit einem Wettbewerber geschlossen wurde. Wahrscheinlich hat sich da etwas auf dem Golfplatz ergeben. Da hatten wir wohl nie eine Chance. Diese Begründungen kennen ja alle. Und manchmal sollen die auch schon gestimmt haben.

Der Vertriebsprozess gibt uns also auch die Chance, die Synchronität mit dem Kundenprozess herzustellen.

Interne Betrachtung
Die Aufgaben im Vertriebsprozess sind oft sehr unterschiedlich verteilt. Manche Verkäufer machen die komplette Lead-Generierung selbst. Marketing hilft nur mit Messen, Veranstaltungen und dem Webauftritt. In anderen

Fällen ist das Marketing für die gesamte Lead-Generierung verantwortlich. Erstaunlicherweise sehen wir dann häufig ein Problem an der Schnittstelle Marketing/Vertrieb. Leads werden übergeben, aber vom Vertrieb nicht verfolgt. Oft mit der Begründung, die Leads würden nichts taugen.

Auf der anderen Seite wird für die Konzeption sehr häufig eine Fachabteilung hinzugezogen. Der Produktmanager oder die Technik sind für die Konzeption einer Lösung verantwortlich. Der Verkäufer koordiniert hier nur die Termine. All das kann sehr sinnvoll und sehr produktiv sein.

Ich habe auch schon erlebt, dass das Marketing die komplette Lead-Generierung liefert und die Technik sich um die Konzeption kümmert. Wenn in der Situation der Verkäufer im Bereich Bedarfsanalyse nicht sehr gut ist, fragt man sich, für was es ihn gibt. Einen Verkäufer dieser Art durfte ich einen Tag lang coachen. Er hat sich den ganzen Tag darüber beschwert, dass das Team des Telemarketings zu wenige und zu schlechte Leads liefere und die Technik all seine Projekte schlecht mache, und behauptet, dass nie klar wäre, was sie wollten. Aber immerhin: Seine Hobbys kamen nicht zu kurz.

Wie Sie sehen, kann selbst so ein einfacher Prozess helfen, die Abläufe, Aufgaben und Schnittstellen zu klären.

Weitere Prozessschritte integrieren
Wenn wir diesen Prozess um die wichtigen Punkte Referenzbesuch und Proof of Concept erweitern wollten, wo würden wir sie einfügen? Wo finden sie in Ihrem heutigen Vorgehen statt? Nutzen Sie diese Punkte als Lockmittel schon in der Akquisitionsphase oder muss der Kunde bereits einige Schritte mit Ihnen gegangen sein und sein ernsthaftes Interesse gezeigt haben?

Beides kann sinnvoll sein, aber beides hat Einfluss darauf, wie Ihr Unternehmen vom Interessenten gesehen wird. Und es hat massiv Einfluss auf die Machtbalance. Lassen Sie mich das hier nochmals verdeutlichen: Eine ausgewogene Machtbalance ist im komplexen Solution Selling sehr zu empfehlen. Dann begegnet man sich auf Augenhöhe, was beiden Seiten mehr Spaß macht.

Alles im Vertriebsprozess steuert erst auf den Abschluss und dann auf eine dauerhafte Zusammenarbeit zu. Dazu muss auch der Prozess selbst beitragen.

6.4.2 Verkäufer müssen den Vertriebsprozess aktiv gestalten

Im Solution Selling haben wir es oft mit einem sehr langen Vertriebsprozess zu tun. Sechs bis 36 Monate sind oft normal und eine Herausforderung. Ein so langer Vertriebsprozess muss gut gesteuert werden. Vor allem, wenn es sehr lange Phasen des Wartens gibt.

Manche Verkaufschancen ruhen für Wochen und Monate bis es wieder einen Schritt vorwärts geht. Trotzdem gilt es, diese Zeit sinnvoll zu nutzen. Oder gerade deshalb. Die Verkäufer rufen immer wieder an und versuchen, Termine zu machen. Jedoch bekommen sie ein ums andere Mal gesagt, dass man noch nicht soweit sei. Diese Situation ist im Solution Selling die Regel.

Kennen Sie das auch? Wie gehen Sie damit um? Welche Überlegungen zur Optimierung haben Sie bisher angestellt? Haben Sie Tricks und Kniffe gefunden? Oder eine Strategie? Natürlich ist eine gute Wiedervorlage eine prima Sache, aber meistens genügt das nicht. Es braucht auch Ideen. Ideen, wie man zu einem Teil im Prozess wird. Wenn es geht, sogar zu einem Teil des Teams beim Kunden.

Verkäufer müssen versuchen, den Prozess aktiv zu gestalten.

6.4.3 Verkäufer kann Beschaffungsprozess vorschlagen

Als Anbieter erhöhen wir unsere Chancen, wenn wir den Prozess der Entscheidungsfindung unterstützen. Können wir einen Prozess zur Beschaffung vorschlagen, der dem Kunden hilft, wird er diesen Vorschlag oft annehmen. Besser noch: Verkäufer und Interessent vereinbaren gemeinsam ein Vorgehen. Dieses kann problemlos auf dem Vorschlag des Anbieters beruhen. Viele erfolgreiche Verkäufer praktizieren das. Leider eher unbewusst. Trotzdem hat das Wirkung.

Wenn es Verkäufern zu Beginn des Vertriebsprozesses gelingt, das Vorgehen zu vereinbaren, bringt sie dies in eine deutlich bessere Position. Verkäufer müssen dann nicht um jeden weiteren Schritt kämpfen, sondern haben diese

Schritte ja vereinbart. Sie haben einen Wert für den Vertriebsprozess – und für den Kunden.

Damit helfen die Verkäufer den Kunden, eine Entscheidung zu treffen. Sie unterstützen nun den Kunden, indem sie den Prozess gemeinsam vorantreiben. Es sind ja die Verkäufer, die diese Prozesse viele Male bereits durchlaufen haben und sich deshalb auskennen, was sie zu Experten macht. Nutzen Sie als Verkäufer diese Erfahrung und bieten Sie sie Ihren Kunden als Berater an.

Ein solches Vorgehen setzt voraus, dass wir als Anbieter einen guten Prozess vorschlagen können. Auch deshalb sollten wir für den Prozess eine Blaupause haben. Außerdem wäre es wichtig, wenn unsere Systeme uns bei der Verfolgung gut unterstützen würden. Ein Vertriebsprozess, der erst mit der Eingabe des Auftrags in SAP beginnt, ist da wenig hilfreich. Und doch ist es leider genau so üblich. Ein CRM oder CAS wäre ganz hilfreich. Oder sogar ein Opportunity-Management-System.

Als Anbieter müssen Verkäufer sich auch als Manager der Verkaufschance verstehen. Das haben wir bereits ausführlich in Kapitel 3.6 behandelt.

Das wäre der Rollenwechsel vom Verkäufer zum Berater im Vertriebsprozess.

Wenn uns das gelingt, sind wir deutlich näher am Kunden. Damit nehmen Verkäufer auch eine andere Rolle ein. Sie sind weder der Verkäufer, der »schon wieder« anruft, der sich immer wieder erkundigt, wie es steht, noch die technischen Berater, die auf Nachfrage reagieren, also warten, bis sie technische Fragen beantworten können.

Verkäufer müssen viel aktiver werden. Sie sollten die Chancen vorantreiben.

Verkäufer nehmen dann eine akzeptierte aktive Rolle ein und gestalten den Beschaffungsprozess des Kunden mit. Bereits im Vertriebsprozess werden sie zum Partner und Dienstleister des Kunden. Auch wenn sie den Prozess dadurch nicht immer verkürzen können, sind sie im Vorteil, weil diese Verkäufer schon als Partner im Vertriebsprozess akzeptiert sind. Wie sehen Sie das? Leben Sie das heute schon?

6.4.4   Der Vorteil, früh in den Vertriebsprozess einzusteigen

Diese langen Vertriebsprozesse sind im Lösungsvertrieb völlig normal. Wegen der Bedeutung der Beschaffungen werden die Anbieter schon zu einer sehr frühen Phase der Beschaffung hinzugezogen. Zu diesem Zeitpunkt ist häufig noch gar nicht entschieden, ob ein Kauf überhaupt stattfinden wird.

Es geht in diesen Phasen oft nur um eine erste Sichtung der Optionen. Die Entscheidung über einen Kauf, muss das Management der Kunden erst noch treffen. Meistens viele Monate später. Fast 60% enden als »Lost to no decision«. Das wurde an anderer Stelle bereits beschrieben. Kein Wettbewerber gewinnt einen solchen Anteil. Man darf also nicht zu früh, zu viele Ressourcen verschwenden.

Im Grunde ist es für Verkäufer von Vorteil, früh in den Vertriebsprozess einzusteigen. Aus Kundensicht ist das natürlich der Prozess der Beschaffung. Die Verkäufer brauchen in diesen Fällen jedoch viel Geduld. Neuere Untersuchung sprechen davon, dass Unternehmen heute oft über 50% des Beschaffungsprozesses hinter sich haben, bevor sie Anbieter hinzuziehen. Es wird also immer schwerer, früh in den Prozess einzusteigen. Und: Wenn 50% bereits gelaufen sind, ist es schwieriger, sich als Verkäufer einzubringen.

Die Größe und die Bedeutung der Beschaffung bringen es mit sich, dass die Kunden jeden Schritt gründlich prüfen. Außerdem müssen sie immer wieder prüfen, ob der Prozess in die richtige Richtung geht. Im Solution Selling handelt es sich in der Regel um Investitionen, die direkte Auswirkungen auf die Geschäftstätigkeit haben. Man verspricht sich höhere Stückzahlen, größere Flexibilität oder bessere Qualität. Oder oft alles zusammen.

Interne Prozesse werden durch neue Software verändert. Neue Maschinen ermöglichen neue Angebote an den Markt. Oder Maschinen und Anlagen verbessern durch höhere Geschwindigkeit, Flexibilität oder Qualität die Wettbewerbsfähigkeit.

Aber: Welcher Anbieter wird diese Erwartungen am besten erfüllen? Das braucht Zeit und Vertrauen. Wenn Verkäufer früh in den Vertriebsprozess einsteigen, können sie das Projekt mit den Kunden entwickeln. Sie können die Zeit nutzen, um Vertrauen aufzubauen.

6.4.5 Entscheider haben wenig Erfahrung mit großen Investitionen

In vielen Unternehmen gibt es nur relativ wenig Erfahrung mit dem Beschaffungsprozess bei großen Anschaffungen. Beschaffungen, die außer dem hohen Wert auch eine sehr große Bedeutung haben. Bei Software werden diese Leistungen in vielen Unternehmen nur alle fünf bis 15 Jahre beschafft. Ähnlich ist es bei großen Anlagen. Kaum ein Manager beschafft diese Leistungen mehr als einmal in derselben Funktion und Hierarchiestufe. Oft nur einmal in seinem Berufsleben.

Die Beurteilung des richtigen Weges hat verschiedene Facetten und für jede dieser Facetten wird jemand an der Entscheidung beteiligt. Das kann ganz offiziell geschehen, in Form eines Projektteams, z.B. dem Projektteam »Neue ERP-Software«. Noch häufiger geschieht es aber informell, durch eine Befragung der Betroffenen – des Maschinenführers, des Meisters, des Leiters der Finanzen oder des Produktionsleiters. Heute ist der Verantwortliche für Qualitätssicherung oft eine wichtige Instanz bei diesen Entscheidungen. Im kaufmännischen Bereich sind es die Anwender, die Einkaufen oder Belege buchen, und der kaufmännische Leiter. Oft meldet auch der Betriebsrat Interesse an den Investitionen an. Diese Beteiligten treffen sich dann auf Einladung eines Projektleiters, um verschiedene Lösungen zu beleuchten oder Kriterien und Wünsche zu besprechen. Daraus ergibt sich oft ein umfangreiches Pflichtenheft.

Wichtig ist, dass immer mehrere Personen an der Entscheidung beteiligt sind. Und dieses Buying Center gilt es zu kennen und einzubinden. Nur so können Verkäufer die Wünsche und Nöte der einzelnen Entscheider bedienen. Verkäufer sollten den langen Vertriebsprozess im Solution Selling nutzen, um all diese Entscheider kennenzulernen.

6.5   Der Proof of Concept als Element im Vertriebsprozess

Der Proof of Concept wird auch als Test, Prototyp, Workshop, Simulation oder Anwendungstest bezeichnet. Sie steigern die Sicherheit der Entscheidung und – was vielleicht noch wichtiger ist – die gefühlte Sicherheit der Entscheider. Proof of Concepts ermöglichen es, neue Lösungen auf Herz und Nieren zu testen und dadurch viel mehr Sicherheit für die Entscheidung zu bekommen.

Proof of Concepts sind immer ein wichtiges und nützliches Instrument im Vertrieb. Richtig eingesetzt steigern sie die Sicherheit von Entscheidungen im Lösungsvertrieb sehr deutlich. Gerade hier sind die Risiken bei Beschaffungen besonders hoch. 58 % der Verkaufschancen gehen als »Lost to no decision« verloren. Deshalb ist der Beweis der Tragfähigkeit einer Lösung von großer Bedeutung. Aber: Der Zeitpunkt und die Gestaltung des Proof of Concept sind für den Erfolg kritisch.

Neben den Referenzen ist der Proof of Concept ein weiteres Mittel zur Steigerung der Sicherheit der Entscheidung bei der Beschaffung von hochwertigen, komplexen Investitionsgütern. Manchmal setzen Verkäufer ihn aber leider auch als Lockmittel der Akquisition ein. Sie wollen damit mögliche Neukunden ködern. Das funktioniert aber nur selten. Und wenn, dann ist das eine sehr teure Akquise.

6.5.1   Proof of Concept kostenlos als Akquise anbieten

In den meisten Fällen ist dies der sicherste Weg, ein wichtiges und teures Instrument des Solution Selling völlig falsch einzusetzen. Der Interessent nimmt das Angebot häufig dankend an. Er lernt dadurch mehr über seinen Bedarf und die verwendete Technologie. Aber nur höchst selten führt ein Proof of Concept so früh im Prozess zu einem Kauf.

Für den Kunden ist es noch die Phase des Informationssammelns und der lockeren Sichtung. Er ist noch weit von einer Entscheidung entfernt. Auf die

Sicherheit der Entscheidung hat der Proof of Concept keinen Einfluss, wenn er in der Akquisephase durchgeführt wird.

6.5.2   Wann sollte man den Proof of Concept durchführen?

Verkäufer sollten den Proof of Concept erst am Ende des Beschaffungsprozess nutzen. Erst dann kann man ein Konzept »beweisen«. Vorher gibt es meistens noch gar kein Lösungskonzept. Außerdem empfindet der Kunde erst am Ende des Vertriebsprozesses Unsicherheit und benötigt Sicherheit. Denken Sie an Abbildung 2 von Michael Bosworth in Kapitel 2.2.

Die Investitionen sind meistens sehr hoch. Außerdem ist man an eine solche Entscheidung lange gebunden. Deshalb sucht der Kunde mit dem Proof of Concept die notwendige Sicherheit für seine finale Entscheidung. Idealerweise hat der Kunde oder das Buying Center des Kunden »im Grunde« bereits eine Entscheidung getroffen. Jetzt wird das Instrument des Proof of Concept gebraucht, um die Richtigkeit der inneren Entscheidung zu beweisen. Es wirkt sehr seriös, wenn der Proof of Concept nicht aus dem Ärmel gezaubert wird, sondern bereits zu Beginn, als ein Element im Auswahlprozess und als letzte Absicherung geplant war.

Ein Proof of Concept als Lockmittel kann seine Wirkung überhaupt nicht entfalten. Er kann keine Sicherheit bieten, denn die Kunden empfinden noch gar kein Risiko. Als Lockmittel für Neukunden gibt es andere, bessere und billigere Möglichkeiten.

Erst am Ende des Verkaufsprozesses hat der Proof of Concept eine optimale Wirkung, um der Entscheidung mehr Sicherheit zu verleihen und einen Verkaufsabschluss zu befördern.

6.5.3   Warum Proof of Concept?

Der Proof of Concept ist kein Mittel zur Akquise, sondern soll das Kundenbedürfnis nach Sicherheit der Entscheidung befriedigen. Jetzt hat der Kunde das größere Interesse am Leistungsbeweis und ist oft bereit, in diese Sicherheit zu investieren.

Wir kennen Verkäufer, die ihre Proof of Concepts ausschließlich gegen Berechnung der anfallenden Kosten durchgeführt haben. Andere Verkäufer desselben Unternehmens behaupteten, dass das nicht durchsetzbar wäre. Der Unterschied war nicht, wie zunächst vermutet wurde, die Geographie, sondern die Verkaufs- oder Beschaffungsphase, also der Zeitpunkt, zu dem der Proof of Concept angeboten wurde.

Bei den einen wurde er als Akquise-«Lock»-Mittel eingesetzt. Das ist für den Interessenten mit wenig Verbindlichkeit und Ernsthaftigkeit verbunden. Aber immerhin ein interessantes Angebot, bei dem die Kunden einiges über den eigenen Bedarf lernen können. Bei den anderen wurde er als eine wichtige und gute Möglichkeit eingesetzt, die Sicherheit der Entscheidung zu erhöhen. Letztere wollten nach einem langen Auswahlprozess starten und meinten es sehr ernst. Sie waren fast immer bereit, die Kosten des Proof of Concept zu übernehmen – oder zumindest Teile davon. So kurz vor der endgültigen Entscheidung empfanden sie das Risiko als besonders hoch. Dieses Risiko zu mindern und dafür noch mehr Sicherheit zu bekommen, durfte ruhig Geld kosten.

6.5.4   Proof of Concept braucht ein Konzept

Wenn wir erwarten, dass der Interessent den Proof of Concept ernst nimmt, kann er auch von uns ein ernsthaftes Verhalten erwarten. Trotzdem haben nur wenige Unternehmen ein Konzept für den Proof of Concept und Checklisten für seine Durchführung. Die Verkäufer schreiben die wichtigsten Fragen nicht auf und halten auch die Antworten nicht fest. Warum denn nicht?

Die Inhalte der Checkliste müssten sein:
- Wichtige Fragen an den Interessenten.
- Welche Risiken empfindet der Interessent als besonders bedrohlich?
- Welche Themen möchte er durch den Proof of Concept klären?
- Information für die beteiligten Kollegen.
- Infos zum Rahmen und zur Veranstaltung.
- Ergebnispräsentation.

Ich empfehle, den Proof of Concept zu einem gut inszenierten Event zu machen. Viele Vertriebsprozesse würden dann spürbar mehr Dynamik entfalten. Die Ergebnisse würden »strahlen«, die Risiken im Vergleich zu den Chancen unbedeutend. Interessenten werden sich entscheiden und kaufen.

6.5.5 Präsentation der Ergebnisse im Buying Center

Typischerweise wird der Proof of Concept mit einigen Vertretern des Interessenten, dem Buying Center, durchgeführt. Die wirklichen Entscheider, die Genehmiger einer Entscheidung, sind jedoch meistens nicht anwesend. Deshalb ist es besonders wichtig, sie zu einer gut gestalteten Präsentation der Ergebnisse einzuladen.

6.5.6 Erkenntnisse zum Proof of Concept

Den Proof of Concept, also den Beweis, dass eine angebotene Lösung (Anlage, Maschine, Software) funktioniert, sollten Verkäufer noch gezielter nutzen. Es ist ein häufig verwendetes Instrument des Vertriebs in vielen Märkten. Viel zu häufig wird der Proof of Concept jedoch nicht optimal und auch nicht genutzt. Das entspricht nicht der großen Bedeutung, die dieses Tool hat. Es sollte zum einen dem Kunden mehr Sicherheit bei der Entscheidung geben und zum anderen als Instrument für den Vertriebserfolg dienen. Leider nutzen viele Verkäufer nicht das ganze Potenzial dieses Instruments. Wenn Sie ein Profi im Vertrieb sind, dann werden Sie das sicher ändern. Viel Erfolg dabei.

6.5.7 Den Weg zur Lösung verkaufen – Oder haben Sie was zu verschenken?

Manch einer glaubt, Lösungsvertrieb bedeute, Lösungen fix und fertig zu verkaufen. Das wäre aber Produktvertrieb. Beim Lösungsvertrieb wird die Entwicklung der Lösung mitverkauft, um nichts zu verschenken.

Die Entwicklung der Lösung ist Teil dieser Lösung. Möglicherweise der wichtigste Teil. Denn es geht beim Lösungsvertrieb immer um eher individuelle

Aufgaben. Lösungen verkaufen muss bedeuten, auch den Weg zur Lösung zu verkaufen. Trotzdem verschenken Anbieter diese Leistung viel zu oft.

Kunden bezahlen im Maschinenbau meistens nur die technische Realisierung. Die geistige Leistung wird oft nicht berechnet. Warum nur? Das ist so, als würden Sie einen Architekten beauftragen, aber nur bezahlen, wenn er das Haus auch baut. Architekten ist klar, dass sie Lösungen verkaufen. Bauen kann das Haus dann gerne ein anderer. Wer für seine Ideen und Entwicklungen, also für die Lösungen des Kunden, kein Geld nimmt, schmälert damit deren Wert. Bringen Sie Ihrer Frau wieder mal Blumen mit, wenn Sie etwas verschenken wollen – oder eben Ihrem Mann.

Wenn im Anlagenbau komplexe Anlagen kundenspezifisch gebaut werden sollen, dann sind das Gesamtlösungen. Die Konstruktion und auch die Kalkulation gehören zur Lösung. Sie gehören zum Weg zur individuellen Lösung wie die Bedarfsanalyse. Deshalb sind diese Elemente zu bezahlen. Eigentlich, aber das passiert nicht immer. Viel zu häufig jedenfalls nicht.

Auch, wenn bei vorhandenen Maschinen Werkstückzuführungen oder Teileentladungen kundenspezifisch automatisiert werden, sind das Lösungen. Es bedarf oft viel Konzeption und Erfahrung, um in einem feststehenden Umfeld solche Optimierungen zu integrieren. Und doch wird diese wichtige geistige Leistung meistens nicht bezahlt. Drei oder mehr Anbieter werden gebeten, für eine definierte Leistung, Konzepte zu entwickeln und zu kalkulieren. Für diese Konzepte werden schnell mal zwei bis fünf Tage und mehr Konstruktion und Kalkulation aufgewendet. Zu oft ohne Berechnung.

Es ist oft nicht möglich, den Weg zur Lösung zu verkaufen. Die Kunden seien große Unternehmen und man bräuchte die Aufträge, höre ich immer wieder. Es scheint also einerseits eine Machtfrage zu sein und andererseits eine Frage von Gewohnheiten. Aber Gewohnheiten lassen sich verändern.

Jedenfalls ist es sinnvoll, ja notwendig, den Weg zu den Lösungen zu verkaufen. Vorleistungen in diesem Umfang und von dieser Bedeutung zu verschenken, ist unangemessen. Hier wird der Kern der Lösungen entwickelt. Ohne Berechnung! Obwohl hierin die eigentliche Lösung steckt. Die geistige

Leistung. Sehr oft wird also die Lösung verschenkt und dann die Realisierung verkauft. Aber warum?

- »Weil das so üblich ist!«
- »Weil das alle so machen!«
- »Weil wir sonst keine Aufträge bekommen!«

Weil manche Verkäufer und Vertriebsleiter sich nicht trauen?! Ich denke, es ist eine Mischung aus den genannten Punkten. Aber es wäre so wichtig, damit zu beginnen, die Kosten zu berechnen. Einkäufer haben sich viel zu sehr daran gewöhnt, die Dinge kostenlos zu bekommen. Das geht schon mit der kostenlosen Bearbeitung von Pflichtenheften los.

6.5.8 Die besten Lösungen werden vom billigsten Anbieter realisiert

Glücklicherweise passiert es nicht so oft, aber es passiert: Die gute Lösung eines Anbieters wird dem Anbieter mit dem niedrigsten Stundensatz zur Realisierung vorgegeben. Die geistige Leistung eines Anbieters wird also genutzt, ohne dafür zu bezahlen. Und ich spreche hier nicht von China. Ich spreche von Deutschland. Und ich spreche auch nicht von seltenen Ausnahmen oder windigen kleinen Unternehmen. Nein, ich spreche von einer regelmäßigen Vorgehensweise von Einkäufern in deutschen Konzernen, und zwar in fast allen deutschen Konzernen.

Gerade die großen Unternehmen nutzen ihre Macht genau dafür. Große Unternehmen, die an anderer Stelle den Schutz des geistigen Eigentums so vehement verteidigen. Auch sehr renommierte Unternehmen nutzen ihre Macht gegenüber Lieferanten, um diese Leistungen ohne Bezahlung zu erhalten. Ja, es ist eine Frage der Macht – aber es ist auch eine Frage des Rückgrads. Verkäufer müssen viel mehr dafür kämpfen, dass sie die guten Lösungen verkaufen können. Das ist immens wichtig.

Aber zurzeit regiert bei den Konzernen »Geiz ist geil«. Was das »Billig – Billig« jedoch als Folgen mit sich bringt, sieht man in Berlin anhand des Flughafens BER.

6.5.9 Blindleistungen erhöhen die Vertriebskosten massiv

Meistens wird noch nicht einmal versucht, sich diese Leistung vom Kunden bezahlen zu lassen. Selbst die Anbieter sehen das als notwendigen Vertriebsaufwand und als Investition in Aufträge. Diese Sicht kommt den Einkäufern sehr entgegen. Sie ist im Maschinenbau sehr verbreitet.

Trotzdem höre ich die Vertriebsleiter immer wieder klagen. Denn natürlich steigen durch diese Blindleistungen die Vertriebskosten. Lösungen verkaufen muss also bedeuten, auch den Weg zur Lösung zu verkaufen. Da das Problem sich durch ganze Branchen zieht, wird eine Veränderung schwierig. Aber sie ist möglich. Allerdings nur, wenn Sie, ja, auch Sie, anfangen, nach der Bezahlung des Konzepts zu fragen. Bieten Sie in einem ersten Schritt die Entwicklung der Lösungen an. Also zwei bis zehn Tage – oder 50, was immer Sie brauchen. Erst anschließend, im zweiten Schritt, bieten Sie die Realisierung an.

In manchen Branchen ist das völlig normal und üblich. Im Maschinenbau nur teilweise. Sehr häufig erlebe ich, dass Anbieter Lösungen kostenlos entwickeln. Wenn Sie jedoch Lösungen verkaufen, dann verkaufen Sie die gesamte Lösung – inklusive der zentralen Idee. Werten Sie Ihre Leistung auf! Machen Sie sie zahlungspflichtig! Nicht um jeden Preis, denn ich möchte nicht, dass Sie Aufträge verlieren. Aber einer meiner Kunden hat es so formuliert:

Wenn wir nicht hie und da einen Auftrag verlieren, dann sind wir zu billig!

Versuchen Sie einen Gegenwert für Ihre Konzepte zu bekommen, wenn Sie glauben, dass Ihre Konzepte etwas wert sind.

Das Problem und das Risiko müssen beim Kunden bleiben

Mir geht es noch um etwas anderes: Wenn Anbieter die Lösung als Blindleistung des Vertriebs verschenken, verlagert der Kunde sein Problem auf den Lieferanten – und außerdem das Risiko. Der Anbieter gibt also seine geistige Leistung und bekommt dafür das Risiko. Wenn »sein« Konzept dann nicht passt, muss er das lösen, obwohl der Kunde für dieses Konzept gar nicht bezahlt hat. Seltsam, oder? Die Kunden haben dann auch noch das Gefühl, ein

Recht auf die perfekte Lösung zu haben. Das habe ich im Maschinen- und Anlagenbau zu oft erlebt.

Und bitte bedenken Sie: Wenn Kunden, zum Zeitpunkt der Verhandlung weder ein Problem noch Kosten haben, können sie sehr entspannt pokern. Sie können nur gewinnen! Und dann wundern sich Anbieter, dass sie immer wieder schlecht abschneiden.

> Kunden müssen die Lösung ihrer Probleme kaufen und nicht nur die Realisierung bezahlen!

Verkaufen geht besser und erfolgreicher mit Solution Selling.

6.6 Reference Selling im Lösungsvertrieb optimal nutzen

Referenzen spielen beim Vertrieb komplexer Lösungen eine wichtige Rolle. In den USA verzichtet man in einigen Firmen auf Präsentationen bei neuen Interessenten. Stattdessen besucht man mit ihnen einen Kunden, der die Lösung präsentiert. In dieser Form und Häufigkeit ist das im deutschen Sprachraum nicht vorstellbar. Trotzdem sind Referenzen sehr wichtig. Leider werden sie oft schlecht genutzt.

6.6.1 Die besondere Bedeutung von Reference Selling

Reference Selling hat im Solution Selling eine besondere Bedeutung. Referenzen und Referenzbesuche können Neukunden deutlich leichter überzeugen.

Wenn in den USA fast 60 % der Opportunities als »Lost to no decision« verloren gehen, dann haben diese Verkäufer es nicht geschafft, genügend Sicherheit zu vermitteln.

Und es ist viel Sicherheit notwendig, um die Komplexität zu überwinden. Wie können Referenzen helfen? Die folgenden Punkte sorgen dafür, dass ganz viel Komplexität überwunden werden muss. Hier also noch einmal die wichtigsten Herausforderungen des Solution Selling:

- Produkte oder Leistungen sind erklärungsbedürftig,
- Leistungen werden meistens sehr individuell angepasst,
- Hohes finanzielles und meistens langfristiges Engagement des Kunden,
- Die Entscheidung nimmt Einfluss auf das Geschäftsmodell des Kunden,
- auf der Kundenseite gibt es mehrere Entscheider (Buying Center und Kundentypen).

Für die Interessenten geht es also um viel. Und diese Anschaffungen werden in der Regel nur recht selten gemacht. Investitionsgüter wie Maschinen und Anlagen oder Software für Unternehmen werden oft nur in Abständen von fünf, zehn oder 15 Jahren getätigt. Es fehlt also an Erfahrung. Bei den Kunden löst das ein großes Bedürfnis nach Sicherheit aus. Sie möchten keine Fehler machen. Deshalb sind in der Regel mehrere Entscheider (Buying Center) beteiligt. Das ist auch ein Grund dafür, dass die Unternehmen sich viel Zeit lassen.

6.6.2 Sicherheit der Entscheidung durch eigenes Erleben

Den Proof of Concept haben wir bereits in Kapitel 6.5 beschrieben. Daneben ist die Referenz eine weitere Möglichkeit, dem Interessenten die notwendige Sicherheit zu geben, dass er die richtige Entscheidung trifft und den Weg möglichst mit uns als Anbieter geht.

Referenzen können das subjektive Gefühl der Sicherheit der Interessenten stark beeinflussen, besonders, weil der Interessent die Lösung – die Maschine, die Software, das Produkt – selbst sehen und oft sogar anfassen kann.

Das kann gerade bei immateriellen Leistungen wie Software oder Versicherungen extrem wichtig sein. Hier kann die Präsentation einer Kundenlösung durch den Anwender eine maßgebliche Rolle für die Entscheidung spielen. Das gibt das Gefühl, die Lösung zu kennen und nicht blind zu kaufen.

Wenn die Referenz gut wirken soll, ist eine Vergleichbarkeit der Unternehmen in wichtigen Punkten notwendig. Diese Forderung wird durch die psychologischen Regeln des Überzeugens von Cialdini unterstrichen. Eine dieser Regeln ist die der sozialen Bewährtheit. »Andere in der sozialen Gruppe nutzen diese Leistung ebenfalls. Folglich passt diese grundsätzlich auch für unser Unternehmen«. Diese Regel funktioniert aber nur, wenn sich der Interessent mit der Referenz verbunden fühlt. Wenn beispielsweise einem Industriebetrieb aus dem Mittelstand als Referenz die Deutsche Bank genannt wird, ist nur sehr wenig Übereinstimmung da.

Ist Übereinstimmung vorhanden, ist der Beweis erbracht, dass der Anbieter in dieser Branche und Unternehmensgröße akzeptiert ist. Im Ergebnis haben wir damit mindestens drei Gründe, warum Referenzen wirken:

- Sicherheit durch Vertrauen zum anderen Kunden oder Anwender,
- Sicherheit durch eigenes Erleben,
- Zugehörigkeit zur eigenen Gruppe.

Das sind gewichtige Gründe dafür, das Thema »Reference Selling« sehr ernst zu nehmen. Und diese Gründe gelten für alle Kundentypen, aber in ganz großem Maße für den sicherheitsorientierten.

6.6.3 Referenzbesuche müssen vorbereitet und inszeniert sein

Wenn Sie einem Interessenten einfach die Telefonnummer eines Kunden in die Hand drücken können, ist das hervorragend. Trotzdem sollten Sie es nicht unbedingt tun. Einerseits könnte dieser Kunde gerade ein Problem mit Ihrer Lösung haben, andererseits ist es wenig wertschätzend gegenüber beiden Parteien.

Der Referenzkunde möchte nicht einfach als Verkäufer benutzt werden. Er sollte deshalb gebeten werden und man muss unbedingt Rücksicht auf seine zeitliche Belastung nehmen. Nach außen zumindest ist es den Referenzen oft wichtiger, wenn er einem »Kollegen« einen wertvollen Rat geben kann. Und natürlich wollen Referenzen ihre großartigen Lösungen zeigen. Also ihre eigenen Lösungen, nicht die des Anbieters. Das ist ganz menschlich und gut so. Es genügt, dass wir wissen, dass unsere Lösung dahintersteht. Nicht so wichtig ist der Referenz meist, seinem Lieferanten zu helfen, Produkte zu verkaufen.

Auf der anderen Seite wissen wir nicht, was der Interessent sich erhofft. In den Köpfen mancher Interessenten schwirren ganz tolle 150%-Lösungen herum. Wenn diese dann auf sehr gute und nützliche Lösungen für den Alltag treffen, kann das sehr ernüchternd sein. Deshalb braucht es auch das Gespräch zur Vorbereitung. Dieses ist insofern ein Balanceakt, als wir die Lösung der Referenz natürlich nicht schmälern wollen. Aber andererseits müssen wir die Erwartungen auf ein realistisches Maß eindampfen. Im Sinne eines guten Termins stellt sich nun auch die Frage, ob der Anbieter anwesend sein soll. Falls er dabei sein möchte: Was wäre sein Beitrag?

Es ist von Vorteil, wenn Verkäufer den Referenzbesuch sehr gut vorbereiten. Beim Referenzbesuch aber durch Abwesenheit glänzen. Damit ermöglicht der Verkäufer den freien Austausch. Das kann von Vorteil sein, wenn er beide Parteien gut kennt und angemessen vorbereitet hat.

6.6.4 Mit Referenzen Kaufentscheidung rechtfertigen

Aussagen als Referenz geben dem Bestandskunden die Chance, die eigene Entscheidung als richtig bestätigen zu lassen. Jeder weitere Kunde mit derselben Lösung unterstreicht die richtige Wahl des Anbieters. Die Entscheidung war sogar so gut, dass andere diesem Weg folgen. Das ist der eigentliche Nutzen für den Referenzkunden.

Referenzen haben also eine Neigung die relevanten Leistungen und Produkte positiv darzustellen. Das gilt häufig auch dann, wenn es auch mal Probleme gibt. Die Referenz muss jedoch immer das Gefühl haben, dass der Anbieter sich kümmert und die Probleme löst. Dann funktioniert auch wieder Cialdinis Commitment und Konsistenz. Der Referenzkunde stellt sich hinter seine Lösung und wird dadurch ein noch treuerer Bestandskunde. Pflegen Sie diese Referenzkunden gut, dann haben Sie beide viel davon.

6.6.5 Reference Selling als Element im Vertriebsprozess

Referenzen nur passiv zu nutzen, also wenn ein Interessent danach fragt, wäre eine Verschwendung. Verkäufer sollten diese wertvolle Chance, das

Vertrauen massiv zu stärken, aktiv nutzen. Referenzen müssen also ein definierter und aktiv betriebener Teil im Vertriebsprozess sein, der im Rahmen des Opportunity-Managements gezielt geplant werden sollte.

Wann sprechen wir über Referenzkunden? In welcher Vertriebsphase machen wir Besuche bei den Referenzen oder ermöglichen Telefonate? Wann haben diese Instrumente die höchste Wirkung und damit den höchsten Wert in Ihrem Markt? Diese Fragen müssen geklärt und in einem Konzept festgehalten werden.

Wenn die Besuche zu früh stattfinden, ist der Nutzen meistens gering. Das Bewusstsein für mögliche Probleme und das Bedürfnis nach Sicherheit sind noch nicht stark ausgeprägt. Das Risiko einer Entscheidung wird erst spät im Beschaffungsprozess wahrgenommen. Wenn der Wettbewerber erst spät den Besuch bei einer Referenz macht, könnte das den frühen Besuch leicht in den Schatten stellen. Das sollte man ganz sicher vermeiden.

Findet der Besuch bei der Referenz zu spät statt, könnte er zur Unzeit Fragen aufwerfen, die den Neukunden verunsichern. Manchmal werden Verkäufer zu einem späten Referenzbesuch durch den Wunsch des Interessenten gezwungen. Dann ist es besonders wichtig, diesen Besuch mit dem Referenzkunden gut vorzubereiten. Dieser sollte die Situation des Interessenten kennen, damit er ihn nicht verunsichert. Vielmehr ist es wichtig, diesem Neukunden gezielt die Sicherheit zu geben, die der verdient. Sicherheit zu vermitteln, ist die wichtigste Aufgabe von Referenzen.

6.6.6 Konzept für das »Reference Selling« ist notwendig

Die Anforderung der »sozialen Bewährtheit« fordert also, dass möglichst passende Referenzen angeboten werden sollen. Das bedeutet, dass Verkäufer möglichst eine Liste aller Kunden haben müssen, die man zeigen kann. Diese Liste sollte die wichtigsten Informationen zu den Referenzen bereithalten:

- Unternehmensgröße,
- Branche,
- Anwendung (Fakten und Beschreibung),

- spezifische Besonderheiten,
- Ansprechpartner der Referenz,
- Verantwortlicher Verkäufer.

Ein Konzept für das Reference Selling sollte aber auch den Prozess beschreiben, also die o.g. Abstimmungen mit der Referenz auf der einen und dem Neukunden auf der anderen Seite.

Es muss auch festgelegt werden, wie die Abstimmung mit dem Verkäufer der Referenz aussehen soll. Wer ist der »Owner« eines Referenzkunden? Welche Rechte hat er? Darf er den Kollegen beispielsweise eine Anfrage nach einem Referenzbesuch untersagen? Das kann sinnvoll sein, damit der Kunde nicht überfordert wird. Andererseits muss klar sein, dass der Referenzkunde nicht dem Verkäufer gehört. Referenzen »gehören« dem Unternehmen.

6.6.7   Resümee zum Thema »Reference Selling«

Referenzen können eine große Wirkung haben. Ganz besonders im Solution Selling mit seinen großen Beschaffungen. Hier braucht es Maßnahmen, die Vertrauen aufbauen und damit das subjektive Risiko senken. Diese Maßnahmen sind von sehr großer Bedeutung.

> Fast 60 % »lost to no decision« sollten uns dazu motivieren, dem Interessenten mehr Sicherheit zu vermitteln.

Reference Selling braucht ein Konzept, damit Referenzen den Interessenten mit optimaler Wirkung angeboten werden können. Aber der Nutzen ist enorm. Referenzen helfen, neue Kunden zu gewinnen. Gleichzeitig sorgen sie dafür, dass sich Bestandskunden freiwillig noch enger an das Unternehmen binden. Und alle drei profitieren davon, also der Anbieter, der Bestandskunde und vor allem der Neukunde. Denn er gewinnt Sicherheit. Win-Win wird zu Win-Win-Win.

Sehen Sie Chancen, Ihren Umgang mit Referenzen noch zu optimieren? Ja? Dann gehen Sie es an!

Referenzmarketing gilt als ein wirkungsvolles und glaubwürdiges Instrument für die Neukundengewinnung, weil beim Referenzmarketing positive Aussagen über die Leistungsfähigkeit des Unternehmens, nicht vom Anbieter selbst, sondern von seinen zufriedenen Kunden kommen.

Helfen Sie Ihren Interessenten, indem Sie deren Ängste reduzieren und mehr Vertrauen aufbauen. Vertrauen ist ein Schlüssel im Solution Selling.

6.7 KPIs im Solution Selling – warum Umsatz im Lösungsvertrieb als Kennzahl uninteressant ist

6.7.1 Lösungsvertrieb benötigt spezielle KPIs

Sünden werden auch im Vertrieb bestraft. Eine der größten Sünden im Solution Selling ist es, die Akquise zu vernachlässigen. Trotzdem erleben wir in schwierigen Zeiten eines Unternehmens genau das. Zum Ende einer Periode soll alles, was irgend wie möglich ist, reingeholt werden. Mit großem Aufwand und hohen Rabatten werden dann Verkaufsprojekte abgeschlossen, die eine Periode später automatisch gekommen wären. Dass in dieser Phase die Akquise vernachlässigt wird, ist jedoch noch schlimmer. Zwei schwere Fehler, nur, um das Quartalsziel zu erreichen.

Schwierige Zeiten können schon mal ein Jahr andauern. Einige Monate oder ein Jahr mit vernachlässigter Akquise und hohen Rabatten bedeuten viele weitere Probleme. Die Spirale nach unten dreht sich. Das Prinzip Hoffnung dominiert, statt fundierter Vertriebsarbeit.

> Wegen der starken Auftragseingangs- und Umsatzorientierung wird die Akquise vernachlässigt, die Spirale dreht sich nach unten und die KPIs zeigen das nicht.

In den KPIs schlägt sich das kaum nieder, weil sich die allermeisten Kennzahlensysteme nur um den Auftragseingang und den Umsatz kümmern. Würde auch die Akquise-Performance gemessen, dann würde man erkennen können, dass die Kennzahl Umsatz auf Kosten der Kennzahl Akquise kurzfristig hochgehalten wird. Das ist, als würde man einen Flecken im Hemd dadurch bereinigen, dass man ihn ausschneidet – und durch ein Loch ersetzt.

Dabei sind Auftragseingang und Umsatz als KPIs völlig uninteressant.

Das Unternehmen, bei dem ich das als junger Verkäufer erlebte, war der damals zweitgrößte Computerhersteller. Der zweitgrößte der Welt. Er hat sich nie wieder erholt. Compaq hat das damals in Schieflage geratene Unternehmen gekauft und wurde später selbst von HP geschluckt. Der Computerbereich von HP hatte zu Beginn der Krise etwa 10 % vom Umsatz meines Arbeitgebers. Der kleine Wendige, hat den großen Zufriedenen gefressen.

Was als Umsatz in den Büchern steht, ist Geschichte. Im Lösungsvertrieb eine typischerweise lange Geschichte. Ein Vertriebsprojekt, das als Umsatz in den Büchern steht, muss man nicht mehr und kann man gar nicht mehr steuern. Wenn Sie den Vertrieb steuern wollen, müssen Sie andere KPIs wählen.

Projekte, für die kurzfristig Umsatz erwartet wird, sind längst bekannt. Trotzdem sehe ich noch immer, dass die meisten Manager den Fokus auf die Abschlüsse in der aktuellen oder nächsten Periode setzen. Stimmt der Umsatz im aktuellen Monat, dann wird noch ein Blick auf die Umsatzchancen der Folgeperiode, manchmal sogar auf die des nächsten Quartals geworfen.

Reicht der Blick auf die nächsten zwei Quartale im Solution Selling aus? Das ist, als würden Sie bei 120 km/h nur die nächsten 30 Meter weit sehen.

6.7.2 Lösungsvertrieb stellt hohe Ansprüche an das Management

Über die Komplexität des Lösungsvertriebs wurde an anderer Stelle schon verschiedentlich geschrieben. Lassen Sie mich noch einmal an die besonderen Herausforderungen erinnern:

- Produkte oder Leistungen sind erklärungsbedürftig,
- Leistungen sind stark individualisierbar,
- hohes finanzielles und meistens langfristiges Engagement der Kunden,
- die Entscheidung beeinflusst das Geschäftsmodell des Kunden,

- mehrere Beteiligte im Buying Center,
- aus diesen Gründen lange Verkaufszyklen und Entscheidungsphasen (sechs bis 36 Monate sind normal).

Gerade der letzte Punkt in dieser Liste ist es, der die Anforderungen an KPIs im Lösungsvertrieb verändert. Die Steuerbarkeit von Verkaufsprojekten im Lösungsvertrieb, also von Maschinen, Anlagen, Software und komplexen Dienstleistungen, ist so flexibel wie der sprichwörtliche Ozeandampfer.

> Wenn Sie Projekte im Lösungsvertrieb mit Umsatzzahlen steuern ist, das, als würden Sie die Frontscheibe Ihres Autos zukleben und durch den Blick in den Rückspiegel steuern, und das, obwohl Sie vorwärtsfahren.

Umsatzzahlen sind immer Zahlen der Vergangenheit und sagen etwas über den Erfolg in der Vergangenheit, aber nur wenig über die Zukunft aus. Die entscheidenden Vertriebsphasen liegen oft drei bis neun Monate vor dem Abschluss. Wenn Sie diese Phasen nicht im Blick haben, können Sie nicht steuern. Dann bleibt es dem Zufall überlassen, ob die Verkaufsprojekte wie vorhergesagt abgeschlossen werden.

6.7.3 KPIs müssen den kompletten Vertriebsprozess abdecken

Die meisten Messgrößen im Vertrieb kümmern sich um Umsatz, Absatz oder Deckungsbeitrag. Also um die letzte Phase im Verkaufsprozess. Wenn Verkaufsprozesse mit einer Zykluszeit von einer Woche ablaufen, dann reichen diese Messgrößen aus. Wie dargestellt, sind die Zykluszeiten im Lösungsvertrieb deutlich länger.

KPIs sollen helfen, Entwicklungen zu erkennen, um entsprechend zu steuern. Wirklich steuern lassen sich im Lösungsvertrieb die Prozessschritte am Anfang des Prozesses. Dort werden die wichtigsten Weichen gestellt. Einfach nur die Anzahl der Kundenbesuche zu erhöhen, wird die Lage nicht unbedingt verbessern, wenn Sie feststellen, dass der Umsatz nicht stimmt. Denn möglicherweise bekommen Sie nicht genügend Leads oder Ihre Verkäufer beherrschen die Bedarfsanalyse nicht genügend oder die Qualität der Konzepte ist schlecht oder wird schlecht präsentiert.

Kennzahlen müssen also für alle Phasen vorhanden sein. Insbesondere geht es darum, zu messen, wie viele Projekte von einer Phase zur nächsten »überleben«. Sinkt diese Quote oder ist die Zahl am Anfang der Kette zu gering, kommt es unweigerlich zu Umsatzproblemen. Umgekehrt lassen sich aber auf diese Weise auch schon früh mögliche Lieferengpässe erkennen, wenn der Vertrieb rundläuft.

6.7.4   KPIs und Verkaufstrichter oder Vertriebspipeline

Sind die wichtigsten KPIs denn nicht deckungsgleich mit dem Verkaufstrichter oder der Projektpipeline? Ja und nein. Inhaltlich sollten sie deckungsgleich sein. Allerdings sind typische KPIs deutlich belastbarer und in den Systemen besser verankert.

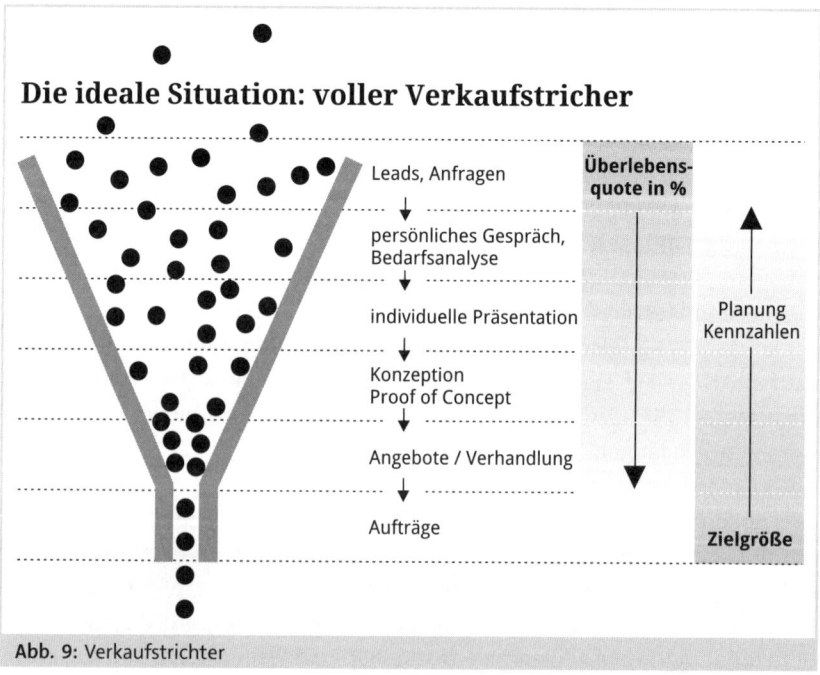

Abb. 9: Verkaufstrichter

Verkaufstrichter haben oft etwas »Hemdsärmeliges« und sind nicht besonders gut gepflegt. Deshalb ist ihre Aussagekraft zumindest eingeschränkt.

Wenn Sie Verkaufstrichter mit der Belastbarkeit typischer KPIs haben, dann herzlichen Glückwunsch.

Oft wird in Sachen Verkaufstrichter argumentiert, dass man »ja eh« nicht wüsste, wie sich ein Markt entwickelt, deshalb wäre es unnötig, beim Trichter genauer zu sein. Umgekehrt wird ein Schuh draus. Weil der Markt und auch das Kundenverhalten so schwer zu prognostizieren sind und deshalb einen hohen Grad an Ungenauigkeit mit sich bringen, ist es wichtig, dass die Systeme keine weiteren Unsicherheiten verursachen.

6.7.5 Kennzahlen der Lead-Generierung in der Praxis

Vor einigen Jahren haben wir ein- bis zweimal im Jahr Informationsveranstaltungen durchgeführt. Zu meiner Enttäuschung (ich war damals Vertriebsbeauftragter) waren überwiegend die »falschen« Teilnehmer bei diesen Veranstaltungen. Viele unserer Bestandskunden genossen das gute Essen, unterhielten sich angeregt mit unserer Geschäftsleitung und ließen sich über die neuen Features der Informationssysteme informieren. Was ich jedoch benötigte waren nicht Kunden, die hatten die Lösung ja schon, sondern Interessenten. Ich brauchte neue Leads!

Wir waren damals sehr erfolgreich, wenn wir mit Unternehmen sprachen, die zwischen 800 und 5.000 Mitarbeiter hatten und wir den Zugang zum Leiter Finanzen oder Controlling und zum Leiter IT hatten. Aber auf den Veranstaltungen waren diese Menschen nicht oder kaum anzutreffen. Auf Nachfrage erhielt ich die Antwort, doch, man hätte viele IT-, Controlling- und Finanzleiter in der Datenbank. Ja, auch Unternehmen in der geforderten Größe gäbe es genug. Insgesamt hatten wir damals für meine Region etwa 12.000 Ansprechpartner im CRM. Ich insistierte, verlangte und bekam eine Datenbankabfrage mit den geforderten Merkmalen:

- Ansprechpartner mit der Funktion Leiter
- in den Bereichen IT, Controlling oder Finanzen und
- der Bedingung Unternehmen größer 800 und kleiner 5.000 Mitarbeiter.

Was niemand erwartet hatte, wurde deutlich. Wir hatten nur acht (in Zahlen »8«) Ansprechpartner, von denen wir wussten, dass sie die Bedingungen erfüllten. Mal war die Funktion nicht gepflegt, mal die Mitarbeiterzahl nicht vorhanden. Und es wurden sehr viele Ansprechpartner gepflegt, deren Unternehmen weniger als 800 Mitarbeiter hatten.

Sie wissen wahrscheinlich, auf was ich hinauswill. Schon die erste Kennzahl des Vertriebsprozesses war nicht vorhanden. Deshalb hatten wir bei 40 bis 50 Teilnehmern auf den Veranstaltungen gerade mal vier potenzielle Kunden. Es dauerte daraufhin nur vier (4) Monate bis wir dann über 1.000 Mitglieder der Kernzielgruppe in meinem Gebiet in der Datenbank hatten. Bei der nächsten Veranstaltung hatten wir dann fast 50% Interessenten. So einfach können KPIs helfen, mehr Erfolg zu haben.

Welche Kennzahlen in Ihrem Markt die wichtigsten sind, wissen Sie sicher ganz genau. Mögliche Kennzahlen der Lead-Generierung können sein:
- Anzahl der Ansprechpartner der Kernzielgruppe im CRM,
- Anzahl versandter Produktinformationen,
- Teilnehmer bei Veranstaltungen/Infotagen, Messebesucher,
- Abo- oder Leserzahlen Ihrer Blogs,
- Besucher der Webseite,
- Anzahl der Anfragen via Webseite,
- Anzahl der Anfragen über andere Zugangspunkte,
- generierte Leads pro Periode.

Je länger die durchschnittlichen Verkaufszyklen, desto bedeutsamer sind die Kennzahlen der Lead-Generierung. Mit Übergabe der Leads an den Vertrieb werden diese typischerweise zu Opportunities. Aber die Hoheit über die Begrifflichkeiten haben selbstverständlich Sie.

6.7.6   Kennzahlen der Opportunities

Natürlich gilt es hier, die Anzahl der Opportunities und deren Volumen zu verfolgen. Einerseits sind die Opportunities pro Verkäufer und Verkaufsphase relevant, andererseits geht es um die Frage, bei wie vielen der Verkaufsprojekte sich der Status verändert hat. Ein einfaches Konzept für den Verkaufsprozess und die Verkaufsphasen ist für das Kennzahlensystem von

Vorteil. Wichtig ist, dass das abgebildet wird, was Sie im Unternehmen leben. Vereinfacht könnten die Phasen

- Anbahnung,
- Bedarfsanalyse,
- Konzept-/Angebotsphase und
- Abschlussphase

beleuchtet werden.

Die Kennzahlen sollten die Anzahl und das Volumen der Projekte je nach Wahrscheinlichkeit ihres Abschlusses in der nächsten Periode darstellen. Oder es kann die mittlere Wahrscheinlichkeit pro Phase ausgewiesen werden. Mögliche Kennzahlen der Opportunities sind:

- generierte Leads,
- verlorene Projekte pro Periode,
- gewonnene Projekte pro Periode,
- Projekte in der Entscheidungsphase/A-Phase/K-Phase (Anzahl, Volumen + durchschnittliche Wahrscheinlichkeit),
- verschobene Abschlüsse,
- Projekte nach Wahrscheinlichkeiten des Abschlusses,
- durchschnittliches Projektvolumen,
- prognostizierte Abschlüsse für die Folgeperiode oder nach Abschlusszeitpunkt (+1 Monat, +3 Monate, +6 Monate).

Seien Sie beruhigt, ich will Ihnen nicht all diese KPIs aufnötigen. Wenige sinnvolle sind viel hilfreicher.

Der Füllgrad der »Pipeline« ist eine wichtige Größe. Deshalb ist die Differenzierung nach Verkaufsphasen so vital, um die Wertigkeit zu erkennen. Der Blick muss unbedingt nach vorne gerichtet sein

Kennzahlen müssen sich an Zielen orientieren, heißt es und da stimme ich zu. Vor allem muss der Blick nach vorne gerichtet sein. Was sagen uns die Kennzahlen über die Zukunft? Wo müssen wir zulegen? Wo können wir entspannt abwarten, um die Erfolge zu feiern?

Wenn unser Kennzahlensystem uns auf Probleme zu Beginn des Vertriebsprozesses hinweist, müssen wir extrem schnell handeln. Wenn wir merken, dass wir zu wenig neue Leads generieren, müssen wir auch sofort reagieren. Bis das Eingreifen Wirkung zeigt, werden ja noch Monate vergehen. Zeigt das System eine gewisse Abschlussschwäche, ist das zwar sehr ärgerlich, aber ein Eingreifen wird nahezu sofort Wirkung zeigen. Ein Vertriebstraining und die nächsten Verhandlungen werden schon erfolgreicher sein.

Damit wir aus den KPIs realistische Voraussagen machen können, müssen wir die Fortschrittszahlen aus der Vergangenheit kennen. Wie viele unserer Veranstaltungsteilnehmer wurden in der Vergangenheit zu Erstterminen? Wie viele derer, bei denen wir eine große Produktpräsentation gemacht haben, haben dann einen bezahlten Proof of Concept (Test oder Ähnliches) durchgeführt? Und so weiter.

Diese Fortschrittszahlen sind als Kennzahlen besonders stark. Und auch hier gilt: Wenige, aber gesicherte Zahlen sind hilfreicher als eine Reihe weniger qualifizierte Kennzahlen und ungesicherte Annahmen.

6.7.7 KPIs im Vertrieb werden vom Vertriebsleiter definiert

Kennzahlen dienen der entsprechenden Führungskraft, seinen Bereich zu steuern. Wie er und wohin er steuern will, weiß die Führungskraft am besten. Deshalb muss er die Kennzahlen festlegen, nicht das Controlling. Die technische Realisierung soll natürlich vom Controlling gemacht werden. Aber der Kapitän muss seine Koordinaten und Messgrößen festlegen.

Er definiert den typischen Vertriebsprozess und damit die relevanten Messpunkte. Diese Meilensteine der Verkaufsprojekte gilt es festzulegen. Außerdem sind die Verkäufer aufgefordert, zu diesen Meilensteinen auch Wahrscheinlichkeiten zu nennen.

6.7.8 Kennzahlensysteme ersetzen nicht das Opportunity-Management

KPIs können und sollen das Opportunity-Management, also die individuelle Betrachtung jedes einzelnen Verkaufsprojekts, nicht ersetzen. Diese Führungsaufgabe von Vertriebsleitern im Solution Selling bleibt. Das Kennzahlensystem gibt einen Überblick über die Gesamtlage, während das Opportunity-Management einen detaillierten Einblick in die einzelne Verkaufschance gewährt.

6.7.9 Resümee zu den KPIs im Solution Selling

Das Problem mit den KPIs im Lösungsvertrieb ist, dass sich die Zahlen nicht so einfach aus den operativen Systemen auslesen lassen. ERP-Systeme enthalten nur Aufträge, nicht Anbahnungen. Selbst CRM-Systeme enthalten meistens wenig über die entsprechenden Vertriebsprozesse und Projektwahrscheinlichkeiten. Heute gibt es nur wenige Opportunity-Management-Systeme, die Verkaufsprojekte angemessen verwalten. Diese wiederum werden von nur wenigen Unternehmen genutzt.

Die Datenbasis für die KPIs im Solution Selling sind oft genug Excel-Sheets mit Projektlisten, bei denen die Bewertung sehr unterschiedlich erfolgt. Längerfristige Beobachtungen der Abhängigkeiten (also die Frage, wie erfolgreich wir von Stufe zu Stufe kommen) gibt es kaum. Aber gerade die langen Verkaufszyklen im Lösungsvertrieb erfordern eine äußerst ernsthafte Überprüfung der Steuerungswerkzeuge und Kennzahlensysteme. Dann werden Pläne und Forecasts zuverlässiger und der Vertrieb deutlich erfolgreicher.

Die richtigen KPIs können einen wirkungsvollen Beitrag dazu leisten, dass bei negativen Abweichungen, rechtzeitig die geeigneten Maßnahmen ergriffen werden können, um den Markterfolg abzusichern.

6.8   Verkäufer für das Solution Selling erkennen

Welche Verkäufer benötigt man für Solution Selling? Natürlich ist eine gewisse Fachkompetenz notwendig, wenn man komplette Lösungen verkauft. Aber diese lässt sich schnell aufbauen, wenn die Grundlage stimmt.

Wichtiger sind die viel genannten Softskills und die Persönlichkeitsstruktur. Auf welche persönlichen Kompetenzen sollte man bei Verkäufern im Lösungsvertrieb achten? Ich habe Verkäufer erlebt, die nach erfolgreichen Jahren im Produktvertrieb in den Lösungsvertrieb wechselten und dann nach wenigen Monaten aufgaben. Was macht Solution Selling für Verkäufer zur absoluten Herausforderung?

6.8.1   Welche Kompetenz braucht ein Verkäufer im Solution Selling?

Die fachliche Qualifikation kann ein Vertriebsleiter sicher leicht beurteilen. Schwer zu messen hingegen, sind aber das Interesse, die Erfahrung, die Disziplin und vor allem die innere Einstellung, die aber alle von großer Bedeutung sind. Was ist mit dem Thema »Kommunikation«? Alles wichtige Felder und Kompetenzen von Verkäufern.

Außerdem sind die Kompetenzen im Bereich des Beziehungsaufbaus und der Lernfähigkeit für Verkäufer im Solution Selling sehr wichtig. Mit nahezu jedem Lead muss ein Verkäufer Beziehungen zu neuen Kontakten aufbauen. Jedes Mal muss er dazu bereit sein, Neues zu lernen, denn jede Aufgabenstellung ist etwas anders. Das hat ja das Thema »Bedarfsanalyse« gezeigt. Wer keine Neugier mitbringt, der wird niemals gut im Beziehungsaufbau und in der Bedarfsanalyse.

Gerade die Kompetenz, sich gezielt selbst zu motivieren und selbstständig Strategien zu entwickeln, ist für alle Verkäufer erfolgskritisch. Welche weiteren messbaren Kompetenzen sind für einen Verkäufer von komplexen Lösungen besonders wichtig?

6.8.2 Anforderungen an Verkäufer komplexer Lösungen

Der Verkauf von komplexen Lösungen zeichnet sich dadurch aus, dass kaum zwei Lösungen gleich sind. Die Anforderungen sind so unterschiedlich wie die Kunden und die Kundentypen. Sehr flexibles Handeln ist eine entscheidende Qualität. Deshalb können wir Flexibilität als eine wichtige, zu überprüfende Kompetenz annehmen. Wenn Verkäufer nicht flexibel auf Situationen reagieren können, wird es schwierig. Sie können sich nicht leicht auf verschiedene Menschen einstellen.

Lösungsvertrieb findet sich oft in Bereichen mit dynamischer technologischer Entwicklung. Es gibt permanent Neues oder zumindest Weiterentwicklungen. Dies gilt im Bereich der Software, des Maschinenbaus und genauso im Anlagenbau und bei komplexen Dienstleistungen. Wenn Verkäufer ihr Wissen nicht permanent auffrischen, werden sie in Zukunft nicht mehr mithalten können. Das Lernverhalten definiert, wie aufgeschlossen Menschen an Neues herangehen. Es definiert auch, welchen Wissensdurst und welche Neugier sie mitbringen. Dabei geht es um Neues in der Technologie, aber auch um den Wissensdurst und die Neugier auf die Aufgaben und Bedingungen beim neuen Interessenten. Es ist sicher nicht einfach, diese Kompetenzen im Einstellungsgespräch zu überprüfen, aber sie sollten auf der Liste stehen.

6.8.3 Verkäufer brauchen Durchsetzungskraft und Geduld

Im Solution Selling entsteht die Lösung oft im Verkaufsprozess oder danach. Deshalb ist ein besonderes Maß an Selbstvertrauen oder Selbstverständnis notwendig. Das Selbstverständnis muss so groß sein, dass Kritikfähigkeit, Willensstärke und Mut gleichermaßen vorhanden sind.

Wenn die Kompetenzen Kritikfähigkeit und Willensstärke gleichzeitig stark ausgeprägt sind, lässt dies Rückschläge zu, und das, ohne an Durchsetzungskraft zu verlieren. Fehler führen nicht zu Frustration, sondern zu verstärkten Anstrengungen und besseren Lösungen.

Ein starkes Selbstverständnis wird auch deshalb benötigt, weil die Verkaufszyklen im Lösungsvertrieb sehr lang sind. Typischerweise dauern sie zwischen sechs und 36 Monaten. Produktverkäufer benötigen oft schneller die Selbstbestätigung durch neue Aufträge.

Außerdem erfordern die langen Verkaufszyklen des Lösungsvertriebs Geduld. Normalerweise will man Verkäufer, die ungeduldig an den Verkaufschancen dranbleiben. Wer Geduld hat und sich vertrösten lässt, verliert im Produktvertrieb. Wer im Solution Selling keine Geduld hat, wird schnell frustriert. Aber es braucht Geduld gepaart mit Beharrlichkeit.

Leider beachten viele Vertriebsleiter diese Herausforderungen des Solution Selling nicht genügend, weder bei der Auswahl von Verkäufern noch bei deren Beurteilung.

Wenn Sie die besten Verkäufer wollen, müssen Sie dies alles Berücksichtigen, denn Solution Selling ist kein Sprint, aber es ist auch kein Marathon.

Solution Selling ist der Iron Man unter den Vertriebsstrategien.

6.8.4   Warum man Verkäufer oft an der Teamfähigkeit misst?

Viele Produktverkäufer sind vier oder gar fünf Tage pro Woche im Außendienst. Dabei besuchen sie pro Tag drei bis acht Kunden und führen Verkaufsgespräche. Dazwischen telefonieren sie kurz mit den Kollegen im Innendienst. Dabei geht es meistens um den Austausch von Informationen. Die Aufgabenbereiche sind präzise geklärt, die Zusammenarbeit hält sich in eng definierten Grenzen.

Der Verkäufer im B2B-Lösungsvertrieb arbeitet in der Akquise oft allein, aber spätestens, wenn das Projekt in der Konzeptphase ist, benötigt er Kollegen, auf die er sich verlassen muss und von deren Wissen und Leistung er abhängig ist. Das können die Konstruktion oder Kalkulation im Maschinenbau sein. Im Softwarevertrieb sind es die Pre-Sales-Berater, die der Verkäufer benötigt. Er muss sich und andere als Teile eines Teams sehen, von denen jedes gebraucht wird.

Die Kompetenz, sich in die Abhängigkeit von anderen zu begeben, um gemeinsam erfolgreich sein zu können, wird durch die Teamfähigkeit ausgedrückt. Es geht darum, das Interesse des Teams vor das individuelle Interesse zu stellen, und zwar ohne die Verantwortlichkeit für das Ergebnis aus der Hand zu geben. Vielmehr muss sich der Verkäufer von Lösungen dafür engagieren, dass alle das Ziel im Blick haben. Erfolg wird nur eintreten, wenn das funktioniert.

6.8.5   Wenn Teamfähigkeit keine Kompetenz ist?

Teamfähigkeit drückt nicht nur die Kompetenz aus, mit anderen arbeiten zu können. Es bedeutet auch, dass Verkäufer *gerne* mit anderen zusammenarbeiten. Deshalb wäre ein zu hohes Maß an Teamfähigkeit für Produktverkäufer sogar schädlich. Viele Verkäufer sind vier Tage im Außendienst und am fünften im Home-Office. Dort machen sie Abrechnungen und bereiten die nächste Woche vor. Bei diesen Verkäufern ist es eine zentrale Fähigkeit, sich selbst zu genügen. Es ist gut, wenn sie kein Team benötigen. Wenn das so ist, ist eine schwache Teamfähigkeit eine wichtige Kompetenz.

Es ist also wichtig, dass ein Einstellungstest für den Verkauf oder Vertrieb ganz bestimmte Kompetenzen misst. Die Bewertung, ob ein Kompetenzprofil passt, hängt von der Aufgabe ab.

6.8.6   Was, wenn die Kompetenzen nicht stark ausgeprägt sind?

Zwei meiner Kunden haben in letzter Zeit mit der Antwort auf diese Frage Bekanntschaft gemacht. Beide haben lange nach geeigneten Bewerbern für den lösungsorientierten Vertrieb gesucht. Endlich waren gute Bewerber mit einem Hintergrund im technischen Vertrieb gefunden. Allerdings jeweils im Produktvertrieb. Nach wenigen Wochen jedoch wurde klar, dass die Verkäufer sich mit der neuen Rolle als Lösungsverkäufer nicht wohlfühlten. Sie konnten im Verkaufsgespräch nicht auf alle Fragen klare Antworten geben. Dafür brauchten sie die Kollegen Spezialisten. So war es ihnen auch nicht möglich, selbstständig zu Abschlüssen zu kommen. Beide Verkäufer störten sich schon daran, dass keine zwei Anforderungen gleich waren. Außerdem kamen sie nicht damit klar, dass eine Vielzahl von Parametern zu beachten war. Ein Verkaufsgespräch warf mehr Fragen auf, als es Antworten geben konnte. Und genau diese Kompetenz der Fragetechniken in der Bedarfsanalyse wäre wichtig gewesen, ebenso wie die Neugier an den Bedarfen des Kunden.

Produktverkäufer sind anderes gewohnt. Sie wollen den Kunden etwas verkaufen und damit ein Problem lösen. Schnell, jetzt, im Verkaufsgespräch. Sie wollen der Held sein. Sie wollen lieber Antworten geben können, als die richtigen Fragen zu stellen. Lösungsverkäufer müssen aber, wie gute Berater, Meister der Fragetechniken sein. Sie müssen die Aufgabenstellung erst mit dem Kunden definieren, und sie dann mit Kollegen lösen. Und nur so kommt es eventuell zu einem Abschluss.

Beide Verkäufer meiner Kunden haben noch innerhalb der Probezeit gekündigt. Lösungsverkäufer denken also anders. Aber wie? Und was benötigen Account-Manager im klassischen Account-Management?

So, wie es diverse Kundentypen gibt, gibt es auch verschiedene Verkäufertypen. Es ist elementar wichtig, diese zu erkennen. Dafür können Unternehmen Berufseignungstests als Einstellungstests für die Verkäufer der Zukunft nutzen.

Für den Lösungsvertrieb und das Account-Management benötigen die Verkäufer unterschiedliche Kompetenzen. Die Investition in ein anspruchsvolles Auswahlverfahren kann leicht einen sechsstelligen Betrag einsparen. Das haben wir in der Vergangenheit mit verschiedenen Unternehmen berechnet.

Gönnen Sie sich die Verkäufer, die Sie verdienen.
Die Besten? Nein, die Richtigen!

6.9 Resümee zum Betriebssystem Solution Selling

Lösungsvertrieb ist sehr komplex. Das zeigt sich sowohl bei der Lead-Generierung als auch bei der Bedarfsanalyse, der Buying-Center-Analyse, den Verhandlungen und der allgemeinen Beziehungsarbeit. Wenn man mit Menschen arbeitet, bekommt man niemals alles in den Griff. Aber gerade bei sehr komplexen Aufgaben helfen Strukturen und Systematik. Besser verkaufen bedeutet nicht, »Tricks« einzusetzen, sondern in erster Linie, systematischer zu arbeiten und besser zu kommunizieren.

Beim Solution Selling geht es darum, den Blick fürs Ganze nicht zu verlieren. Deshalb propagieren wir das Betriebssystem des Solution Selling als Denkmodell. Ein Modell, das verschiedene, von Ihnen gewählte Teilmodule vereint und den gesamten Vertriebsprozess abbildet, von der Lead-Generierung über die Bedarfsanalyse, die Buying-Center-Analyse bis hin zur Verhandlungstechnik.

Von vielen meiner Kunden und Teilnehmer wird der Gedanke als besonders empfunden, dass wir dem Interessenten in seinem Beschaffungsprozess helfen sollten und tatsächlich auch helfen können. Häufig ist es sogar notwendig, dass wir dem Verhandlungspartner helfen, seine Interessen und Wünsche zu formulieren.

Mit der RABEN-Fragemethodik gibt es einen Ansatz, der sich insbesondere um die dahinter liegenden Motive, Gründe und Folgen des Handelns oder Nicht-Handelns bemüht. Sehr gutes Zuhören kann dann ergänzend helfen, die Welt der Gegenseite zu verstehen. »Aktives Zuhören« ermöglicht noch mehr. Es kann uns auch helfen, wenn die Gegenseite unangemessene Forderungen stellt. Deshalb erwähne ich dieses Instrument hier noch einmal. Das Gleichgewicht in Verhandlungen hat überwiegend mit der inneren Haltung zu tun, aber eben auch mit Kommunikationskompetenz in Verhandlungen.

Das Buying Center zu erkennen, ist sowohl für die Bedarfsanalyse als auch für den gesamten Prozess und natürlich in den Verhandlungen wichtig.

Opportunity-Management ist das Element, das darauf achtet, dass alle Puzzleteile beleuchtet und daraus eine Strategie für die jeweils nächsten Schritte definiert wird. Opportunity-Management ist das Steuerungselement gleich dem Projektmanagement in anderen Projekten.

Solution Selling ist eine komplexe Vertriebsstrategie, die deshalb auch ein Betriebssystem des Vertriebs erfordert. Nur so lassen sich die verschiedenen wichtigen Herausforderungen meistern.

Solution Selling ist vor allem für die Verkäufer eine besondere Herausforderung. Sie müssen verschiedene Disziplinen beherrschen und sehr lange durchhalten. In diesem Sinne gilt:

> Solution Selling ist der Iron Man unter den Vertriebsstrategien!

Wenn Sie sich nun entscheiden, die Vertriebsstrategie des Solution Selling konsequent(er) umzusetzen, dann wünsche ich Ihnen viel Erfolg bei diesem Change-Prozess. Wenn Sie Solution Selling und das Betriebssystem des Lösungsvertriebs als Verkäufer nutzen wollen, dann auch Ihnen viel Erfolg beim Umsetzen Ihrer persönlichen Entwicklungsziele. Wenn Sie also im Vertrieb arbeiten, würde ich mich freuen, wenn Ihnen diese Punkte im Alltag einfallen, und sie Ihnen weiterhelfen und mehr Umsatz als Lohn für Sie bereithalten.

Die Mühe der Veränderung könnte mit einem Plus von 20 bis 40 % bei den Auftragseingängen oder beim Umsatz belohnt werden.

In meinem Blog Solution Selling finden sich immer wieder Ideen. Außerdem finden Sie unter www.alphaSales.de/solution-selling-das-buch/ weiterführende Materialien zum Buch, die wir in diesem Buch beschrieben haben.

Viel mehr Erfolg mit Solution Selling.

Manfred Schröder

www.alphaSales.de

P. S.: Ich freue mich auf Ihre Kommentare zum Buch. Nutzen Sie auch hierfür den Link: www.alphaSales.de/solution-selling-das-buch/.

Literaturverzeichnis

Bamberger, G. G., Lösungsorientierte Beratung, 3. Aufl., Weinheim, Basel 2005.

Birkenbihl, V. F., Kommunikationstraining, 22. Aufl., Landsberg am Lech 2000.

Birkenbihl, V. F., Rhetorik, Kreuzlingen 2002.

Blanchard, K./Bowles, S., Wie man Kunden begeistert, Reinbek 1994.

Bosworth, M. T., Solution Selling, Rancho Santa Fe 1995.

Brandl, P. K., Crashkommunikation, Offenbach 2010.

Cialdini, R., Die Psychologie des Überzeugens, 5. Aufl., Bern 2009.

Cox, J./Stevens, H., Selling the Wheel, New York 2000.

Dixon, M./Adamson, B., The Challenger Sale, Great Britain 2013.

Dobelli, R., Die Kunst des klaren Denkens, München 2011.

Fisher, R./Ury, E., Das Harvard Konzept, 18. Aufl., Frankfurt/Main 1999.

Fisher, R./Ury, W., Getting to YES, USA 1991.

Grimm, P., Der verratene Verkauf, Offenbach 2000.

Harris, M., Insight Selling, Canada 2014.

Häusel, H.-G., Brain Script – Warum Kunden kaufen, Planegg 2006.

Hogan, K., Die Kunst der Überzeugung, Paderborn 2007.

Khalsa, M., Let's get real or Let's not play, USA 1999.

Klimke, R./Faber, M., Erfolgreicher Lösungsvertrieb, 2. Aufl., Wiesbaden 2014.

Lencioni, P., Getting NAKED, San Francisco 2010.

Lencioni, P., The four Obsessions of an Extraordinary Executive, San Francisco 2000.

Lencioni, P., Die drei Symptome eines miserablen Jobs, Weinheim 2008.

Lencioni, P., The five Dysfunctions of a TEAM, San Francisco 2002.

Molcho, S., Körpersprache im Beruf, München 2001.

Osterwalder, A., Value Proposition Design, Canada 2014.

Page, R., Hope is not a Strategy, New York 2002.

Pease, A./Pease, B., Die kalte Schulter und der warme Händedruck, Berlin 2004.

Rackham, N., SPIN Selling, USA 1988.

Rackham, N., Major Account Sales Strategy, USA 1989.

Rackham, N./de Vincentis, J., Rethinking the Sales Force, USA 1998.

Reiss, S., Who am I?, New York 2000.

Rentzsch, H.-P., Kundenorientiert verkaufen im technischen Vertrieb, Wiesbaden 1998.

Schultz, M./Doerr, J. E., Insight Selling, New Jersey 2014.

Schulz von Thun, F., Miteinander Reden 1 bis 3, 38. Aufl., Reinbek 2003.

Senge, P. M., Die fünfte Dimension, 8. Aufl., Stuttgart 2001.

Sickel, Ch., Verkaufsfaktor Kundennutzen, 3. Aufl., Wiesbaden 2006.

Stevens, H., Achieve Sales Excellence, Avon (MA) 2007.

Thull, J., Mastering Complex Sale, USA 2003.

Twain, M., Tom Sawyer, Wien 2001.

Zaiss, C. D./Gordon, Th., Das Verkäuferseminar, Frankfurt/Main 1995.